■中華文化大講堂书系

孝经

钟博士简讲

古代帝王和谐世界的法宝

钟茂森博士 讲述

中國華僑出版社

图书在版编目（CIP）数据

钟博士简讲《孝经》/ 钟茂森著. ——北京：中国华侨出版社，2010.8

ISBN 978-7-5113-0586-2

Ⅰ.①钟… Ⅱ.①钟… Ⅲ.①孝经－研究 Ⅳ.①B823.1

中国版本图书馆CIP数据核字（2010）第150501号

• 钟博士简讲《孝经》

著　　者 / 钟茂森

责任编辑 / 文　心

经　　销 / 新华书店

开　　本 / 787×1092毫米　16开　印张/14　字数/180千

印　　刷 / 北京合众伟业印刷有限公司

版　　次 / 2010年10月第1版　2010年10月第1次印刷

书　　号 / ISBN 978-7-5113-0586-2

定　　价 / 22.00元

中国华侨出版社　北京市安定路20号院3号楼305室　邮　编：100029

法律顾问：陈鹰律师事务所

编辑部：（010）64443056　传真：（010）64439708

发行部：（010）64443051

网　址：www.oveaschin.com

E-mail：oveaschin@sina.com

钟茂森教授简介

钟茂森教授，1973年出生于中国广州。1995年毕业于中国广州中山大学，获经济学学士学位；1997年获美国路易斯安娜州理工大学工商管理硕士学位；1999年获该校金融博士学位。先后在美国德州大学及肯萨斯州州立大学任教四年；2003年移居澳洲，在澳洲著名的昆士兰大学商学院任教四年，担任副教授、博士生导师，并获得该校终身聘用。昆士兰大学原定于2007年提拔他为教授，而且多家大学曾高薪聘请他担任首席教授，但是，他淡泊名利，立志走上圣贤教学之路，所以均婉言谢绝。

钟茂森教授曾在世界知名的金融经济学刊物上发表了20多篇论文，在国际学术会议，包括美国金融年会（AFA），金融管理年会（FMA）上发表了40次论文演讲；2004年按学术领域发表核心期刊论文数目被评为澳洲、新西兰地区所有高等院校金融研究领域中高产学者第四名，成为学术界的年轻新秀；多次获世界金融学术会议最佳论文奖，和昆士兰大学优秀科研奖，两次承担澳洲科研委员会（ARC）国家项目的研究工作。现兼任中国广州中山大学客座教授，安徽大学客座教授，台湾成功大学客座教授，美国加州州立大学研究员。

钟茂森教授跟随推行中华传统圣贤教育的高僧净空老法师学习多年，担任老法师在国际和平与教育活动中的英语翻译和助理。曾应邀多次参加联合国教科文组织在澳大利亚阿德莱德、布里斯班、法国巴黎，印度尼西亚等地的关于教育与和平的国际会议，介绍和推动中华传统圣贤教育，并在世界各地演讲《明道德知荣辱》、《幸福成功的根基》、《青年应有的美德》、《和谐之道以孝贯通》、《百善孝为先》、《因果轮回的科学证明》、《为什么要学习因果教育》、《母慈子孝——三十年家庭教育心得报告》等近百场，推动传统文化道德教育，受到热烈欢迎，有的演讲听众人数高达三四千人。曾应邀参加中国二00六年首届世界佛教论坛，2007年国际道德经论坛和国际儒联会议，并在会议上演讲。

钟茂森教授十多年来一直致力于学习和实践中华传统儒释道的圣贤教育。有感于当今世界亟需传统圣贤教育，以净化人心、和谐世界，决定舍弃金融学术领域的成就和追求，毅然辞去昆士兰大学终身教授工作，从2007年起，全身心跟随净空老法师学习圣贤教育，每天在老法师会下学习《华严经》，同时在摄影棚内讲解儒、释、道三家的经典《弟子规》、《太上感应篇》、《十善业道经》、《了凡四训》、《俞净意公遇灶神记》、《地藏菩萨本愿经》及其纶贯、《中峰三时系念全集》、《文昌帝君阴骘文》研习报告、《佛说阿弥陀经》、《佛法修学纲领——三十七道品》研习报告、《朱子治家格言》、《孝经》研习报告、《大学》研习报告、《论语》研习报告、《一函遍覆——印光大师开示》、《劝发菩提心文》、《华严科学宇宙观浅探》等等，通过澳洲净宗学院的远程教学网络向全世界播放。老法师对他的习讲，冠以的总标题是“纯净纯善和谐世界”系列讲座。钟茂森教授现任澳大利亚净宗学院副院长和香港佛陀教育协会董事。

序　言

《孝经》确实是一部非常重要的经典，中国古人没有不读《孝经》的。《孝经》里面所讲的就是修身、齐家、治国、平天下的大道。

早在儿时，我母亲就教导我念这部《孝经》。我翻出以前儿时的记录，偶尔发现，我在十一岁的时候（那是一九八四年）就曾经在我们家族的聚会当中，为外公、外婆、父母、长辈们表演节目。我当时表演的节目，就是分享了一段《孝经》的学习心得。我想先把这个心得给大家读一读，这是十一岁的小茂森当时的体会。

我当时发言的题目叫做“怎样孝敬父母”，“《孝经》里有这样一段话：‘夫孝，天之经也，地之义也，民之行也’。孝敬父母，一方面是物质上的孝敬，要让他们丰衣足食，按时给他们一些零用钱，经常给他们买一些可口的食品。尤其当父母患病时，子女应尽全力照顾好老人，也为自己的子女树立好榜样。更为重要的就是精神上的孝敬，我们要关心老人，要尊重他们，有事同他们商量，尊重他们的意见，使他们精神上感到愉快。”这是当时一九八四年末学的发言。非常感谢我母亲对我从小的培养。从儿时到现在，可以说是一个不断的学习和力行《孝经》的过程。今年我已经37岁了，整整25年，四分之一个世纪过去了。今天再来给大家分享《孝经》的学习心得，当然比11岁的时候，体会更深了。但是我分享的心情依然是一样的，还是把在座各位当做自己父母、长辈一样，向你们报告自己的学习心得。大家看看这四分之一世纪过去以后，茂森有没有白活，希望也有所长进。

今天我们开始学《孝经》，第一讲先给大家报告一个概要。这个概要，也就是末学读《孝经》，行《孝经》的心得概括的分享。总是要按一个条理，那我们就借助佛经分析的体例，用五重玄义，就是五个方面来分析这部经典。我们就把它称为五重分析，也就是解释这个《孝经》义理的五个方面，我们从第一释名，就是解释本经的题目；第二辨体，就是辨明本经所依据的原理，这个叫辨体；第三明宗，就是明了学习这部经典的方法；第四是论用，就是学习这部经到底有什么用，有什么利益；第五叫判教，就是判定这部经，在我们这个课程里面是什么样的地位，这也是说明在一个课程当中它是一个什么样的课目。我们这个方法是借助佛家天台宗的判教方法，很有用处。其实中国古代儒释道三家都是相通的，不仅是义理上相通，学习的方法上都是相通的。所以见好的我们就用，用佛法的方式，帮助我们更加深入地体会这部经典。

目录

本经概要

第一　释名

首先，我们来看第一个方面，释名，就是解释本经的经名。这部经经名只有两个字“孝经”，这两个字的意义很深广，我们拆开来讲，首先讲孝，再讲经。末学去年在庐江，曾经花了三个月的时间，把这部《孝经》在摄影棚里面详细地讲解了一遍，总共花了40个小时。那这一次我们是简讲，大概有18次，大概20多个小时。当时我讲这部《孝经》的时候，也请示了我们的师父上人，在《四库荟要》里面找出了几本很好的《孝经》批注。我主要采用的是唐朝玄宗皇帝李隆基的一个批注，北宋邢昺曾经对唐玄宗的批注，又做了一次解释，所以在《四库荟要》当中就有一部《孝经注疏》，《孝经》的注是玄宗皇帝所注，疏是解释注的，合起来称为《孝经注疏》，这是我主要引用的教材。

这个孝，邢昺在这个疏里面，是这样解释的，说“事亲之名”，经是“常行之典”，这样讲非常通俗易懂。孝，什么叫孝？能够事奉双亲这叫孝，所以这个字就是事亲的意思；经，它有恒常的意思，常行之典，也就是说，这部典籍是用来给我们行的。不是光学了有一点知识而已，重要的是行。不仅是行而且要常行，常是恒常不断，天天要干，时时要干，不可须臾离也，这个才叫做经，从这里可以看到《孝经》的重要。根据

《汉书 · 艺文志》里面对这个经名的解释，它说“夫孝，天之经，地之义，民之行也。举大者言，故曰《孝经》”。这是采用《孝经》里面的一句经文来解释什么叫孝。这“天之经”，这个“经”也就是恒常的意思，像天一样的恒常。我们看到天上有日月星辰，它没有一天休息的，真的是自强不息。“地之义”，“义”是义务，大地厚德载物，它负担起荷载万物的使命和义务，绝对没有推辞这种担当的精神。人能够把天之恒德与地之义务做出来，这叫“民之行也”。

所以《三字经》上讲“三才者，天地人”，这么一听，做人还挺光荣的，能跟天地合称为三才。但是要想一想，这是一个什么样的人。这里讲民之行，这个“民”就是人的意思。那人应该是什么样的人，才有资格跟天地合称三才？那就是要把天之德、地之义行出来，这就是行孝。假如不能这样行，就不能够跟天地合称了，而且说句难听的话，都没有资格立于天地之间，所以不孝之人，无法立足于天地之间。《孝经》这个经题，已经把孝道深广的义理给我们透露出来了。“举大者言”，就是大概的说，很含蓄的把这些义理透露出来了，所以《孝经》这个题目起得好。

“经”，在古儒，像皇侃的《注疏》，皇侃是南北朝时南朝梁的一个学者。他也注过《孝经》，叫《孝经义疏》。他讲这个经是“常也、法也”，它有两个意思。第一是恒常，前面我们讲到的，也就是说，这个经典是真理，恒常不变，亘古不变。古代适用，现代也适用，中国适用，外国也适用。我们走到澳洲，走到美国，到其他国家，谈起孝顺父母，每个人都点头，都称许，证明什么？孝道是不分国界，不分人种，超越时空的，这是什么？人自性的性德，所以把它能称为“常”。这个“法”就是真理。那么真理是永恒不变的，可变的就不能叫做真理了。释名，我们简单地介绍到此。在这里值得提的一点，《孝经》是儒家的十三经之一，但是我们知道，十三经里面不是每部经都称为经。真正称为经的还是少数，之所以把它称为经，就突出它那种真理的永恒性、普遍性的意思。

第二　解释辨体

第二个方面，我们来解释辨体。这部经是依据什么样的原理来说的？这个原理就叫体。末学把它判为“以道为体”，这五重玄义部分都请示过我们师父上人，由他老人家做了修正和鉴定。也就是说，这部经的根本原理是道，以道为体，何以见得？《孝经》里面有一句话，就是“开宗明义章第一”就讲“夫孝，德之本也”。儒家讲的“道、德、仁、艺”，所以子曰：“志于道，据于德，依于仁，游于艺”。你看在孔老夫子像上面，我们看到，有“先师德被天地，依仁游艺”这样一句话，就是道，是圣人的志向，志于道，所依据的就是德，这个德就是随顺道的行为。

道，它是很难说的，老子《道德经》里面，一开始就讲“道可道，非常道；名可名，非常名”。这个“道”用我们现在的话来讲，它就是一种自然之理。可是这真道却说不出来，为什么？因为它没有形象，老子讲道是讲得最多的。在《清静经》里面讲，“大道无名，长养万物，吾不知其名，强名曰道”。大道是什么？宇宙的本体，但是它没有名字，那么老子勉强把它称为道，就是强名之而已。那它没有形象，我们眼睛看不到，耳朵听不到，鼻子闻不到，舌头尝不到，身体也触摸不到，连意念都想象不到。就是眼耳鼻舌身意，我们的六根，这六种器官没有办法接触到的，但是它又确实存在，确实是我们宇宙的真体，万物都是从这里生的，佛法里称为自性，或者是真心、真如。它在这个世间就有所表相，正所谓《华严经》讲的，一切法自性所现。它的功能就是能现，我们的世间是所现。

儒家没有讲很大的世间，更没有谈到出世间，只是注重在人道里面讲。可是这个道在人间也有体相，就是现出这个相，是什么？就是一种关系，像人与人之间的关系，人与自然的关系，人与天地鬼神的关系，这就是道。具体在我们人与人之间的关系而言，就是五伦，所谓父子、君臣、夫妇、兄弟、朋友，这五伦就是道，它就是这个本体的一种现相。我们要随顺着道来生活、过日子，这才能够得到幸福美满的人生。随顺道的生活，这就叫德。譬如说，跟父子关系如何处理？父子有亲，父慈子孝，这就是德。所以随顺着道，行的是德，这就是它的用，它有体、有相、有用。体，我们不可接触，六根都接触不到，但是现相我们就能看到了，有父子、有这个五伦，那我们就要随顺着道。父子有亲、君臣有义、夫妇有别、长幼有序、朋友有信，这样的生活是最健康、最自然、最和谐、最快乐的。我们下面会谈到读本经有什么用，这个用，好处很大。

这个道，何以见得它是我们的本体？因为我们每个人都能够感知，而且人人本来具足。譬如说，父慈子孝这样的一个道德，是不是人皆有之？在《二十四孝》里面有一个记载，这个故事的名字是“陆绩怀橘”。三国时代的一个小孩叫陆绩，他只有六岁。有一天，他跟他的父亲到九江拜见一位官员，官员请他们吃饭，在席间上了一盘橘子，很甜，于是陆绩就把两个橘子揣到怀里去了。告辞的时候，一不小心，橘子滚了下来，结果被这个官员看到了，就笑着说：“你怎么居然还偷藏着橘子？”陆绩很诚恳地跟这位官员说：“因为我的母亲很喜欢吃橘子，我就拿了两个。”你看这件事情虽然很小，在小孩身上会发生很多，因为小孩天真无邪，这是天性，他自然就是这么做。你看他就想到自己的母亲，父子有亲，是父母跟儿女就有这样亲情的关系，所以他的孝心是自然而发的，没有人去教他，本来就有。就从这么一点点的小事里面，我们就能体会，虽然“道”无形、无相，可是就在我们身边。只要我们留心去观察，何处不是道？

现在是春天，古德有一句诗讲得特别有味道，“万紫千红总是春”，你说春天在哪里？你拿给我看看，有没有一个东西叫春天？你又拿不出来，可是你一看，哪都是！万紫千红，外面的绿树花草，鸟语花香，哪里不是春天？哪都是春天。所以儒家讲道不远人，“道也者，不可须臾离也”，这个“须臾”是说不能够瞬间离得开的。这里面有两个意思，第一个意思就是浅显的理解，我们不能够离开道，常常要行道，这个比较容易理解。深层次的理解，道，实在讲没有办法离得开，到处都是。百草头上，青青的翠竹，灿烂的黄花，哪个不是道？关键是我们能不能够觉悟，能不能随顺道而去生活。你能够随顺，那你就是一个智者，你就是一个圣人。所以《孝经》所依据的原理极其深刻，我们不可以把它小看，认为这只是孩子读的书，其实不是。孔老夫子自己说，他“志在《春秋》，行在《孝经》”，他的志向写在《春秋》这部书里面，褒贬善恶，扶正道德仁义，而他的行门，落实全在这部经典，怎么可以小看它？所以孝是以道为体，因为孝是道德，这个德而且是德之本，德的根本，德是道的相，所以孝，必须以道为体。

第三　明宗

我们再看第三个方面，明宗。这个“宗”就是修行的方法，修学的方法。我们学这部经，怎么去落实，怎样学，不是光懂得文字，或者了解一下义理，那还不够，更重要的是要把它落实。这个修行的方法，在《孝经》当中也有明示。你看《孝经·开宗明义第一章》就说到：“夫孝，始于事亲，中于事君，终于立身。”这就是明确的告诉我们方法，三个层次，“事亲、事君、立身”。所以在初始的阶段，我们从儿时到成人，没有离开父母，当然一定要侍奉好双亲。

这个孝心培养起来以后，不管走到哪里都保持不变，保持终身，并且要把它发扬光大。走到社会里为社会、为国家、为人群服务，这叫事君。古代是君主时代，君就代表国家，代表人民，忠君就是爱国。现在已经是民主时代了，君可以把它变成民了，所以事君就是事民，也就是全心全意为人民服务，做好我们本分的工作，这就是事君的现代意义。

立身，这又提高了一个层次，立身就是成圣成贤，成圣成贤怎么成？还是要把我们的孝心不断地拓展，发扬光大，没有私心，而能够全心为人民、为众生，那么你就能够成就圣人的品格，这就是立身。所以孝有这三个层次，最高的一层立身，必定是建立在下面两层的基础上，没有底下的地基，事亲的基础，那事君谈不上，不可能。没有事君，就是没有为人民去工作、去服务，也不可能有立身。所以这个修行的方法，还是要从浅近开始，从自己家里开始，从修自身开始。"大学之道"所讲的修身而后齐家，齐家而后治国。治国就是真正让国家安定，社会和谐，然后才可以说得上平天下，让天下和平，让世界和谐。

第四　论用

接下来我们讲论用，就是学这部经的用处，利益在哪里。刚才我们已经有提及了，这个用处大得很。我们归纳一下，可以用八个字来概括。这八个字不是我自己的创作，是我们师父上人说的，他提的是"宇清、国安、家和、人乐"。这八个字真的就把用处、好处说尽了。这个跟儒家"大学之道"，讲得是一脉相承。儒家讲"修身、齐家、治国、平天下"，身修你就家齐了，家齐就能国治，国治就天下平，这八个字我觉得比"大学之道"讲得更为圆满，修身的结果是什么？人乐，你能够认真修学古圣先贤的这些教诲，你就是最快乐的。孔老夫子的《论语》中第一句话就说"学而时习之，不亦说乎"，学习而且落实，这个"习"是落实，你要操习，要演练，你要把你所学的用到你的生活当中，这叫习。学了又习，这是最快乐的。

我们师父讲，他五十多年学习传统文化，真正体会到他老师所说的"人生最高享受"，真乐！我自己为什么把大学教授的工作辞掉，跟我们师父上人学习，也是想品尝一下这个人生最高享受是什么，要是不乐就没人学了，真的是乐。所以学，要愈学愈快乐，那学得才如法。如果愈学愈苦恼，愈学烦恼愈多，那你肯定学歪了。人乐了，下面家和，就是我们家里面的人，自己身边周遭的人都能够和谐，为什么，这是德行的召感。自己能够心安了，得乐了，内心里面没有任何的烦恼，没有任何的对立，没有任何的冲突，那跟谁都能和谐。有些人跟我常常会发点牢骚，说某人怎么怎么不好，某人怎么对不起他，牢骚满腹。但是他自己又不乐，家里又不和，这是为什么？因为内心里面对立、冲突的念头没放下。放下了之后，必定是人乐家和。其实外面哪有对立冲突，对立冲突都是自己内心里面的。孝的根本含义是什么？是一体。

你看孝这个字，上面一个老字头，下面一个子字底，合而一体成为孝。所以孝就代表一体，一体里面没有对立、没有冲突、没有矛盾。真正孝顺的人，内心里绝对不会有冲突对立，跟任何人都能和谐相处。所以《孝经》在现在有非常现实的意义，我们这个世界上冲突太多了。大至国家与国家的冲突，种族、宗教之间的冲突；小至家里父子冲突，夫妇不和，兄弟阋墙，每一个层面都有不和，都有冲突，怎么解决？《孝经》就管用。所以家和了，慢慢你的影响力就扩充出去了，大到小区、国家都能够安定和睦，天下也太平了。现在我们国家提倡的和谐世界，从哪做起？从尽孝下手，从我心做起，才能达到，这是正确的途径。

儒家只讲到天下而已，佛家讲得就更广阔，它讲宇宙、讲法界。法界和谐，这就宇清、清宁。所以不仅是和谐世界，和谐宇宙，和谐法界，像极乐世界、华藏世界这样的和谐。能不能做到？能！为什么？因为这与道相应，道就是原本的样子，就是和谐的，宇宙法界本来是一体，都是我们自性所现的，同出一个源头，怎么可能不和谐？所以我们了解了这个情况，要有信心。法界都能做到和谐，难道跟周遭几个人还不能和谐？真正落实《孝经》，这些我们都能做到。这就是《孝经》当中所说的先王之“至德要道”。“至德”是至高无上的品德，“要道”是非常重要的方法，能够做什么？“以顺天下，民用和睦，上下无怨”，这就是刚才讲的宇清、国安、家和、人乐，没有对立，没有冲突的世界，真正是和谐世界。所以说我们今天真的是很有运气，遇到这么一部宝典，确实要认真学习。

第五　判教

第五个方面，我们来讲判教，就是判定这部经在教学课程里面的地位，属什么样的课目。这个判教也是我们师父上人指示我的，原来我讲的是“人之根，圣之行”，人的根本在孝。孔老夫子说，他“志在《春秋》，行在《孝经》”，这圣人也行在《孝经》。可是师父给我把字对调了一下，他不说“人之根，圣之行”，他说是“圣之根，人之行”，我愈想是愈觉得太妙了，确实判得好。圣人的基础，这个根基，就是在这里。所以儒释道三家都强调孝道，这是成圣成贤的大根大本。没有孝道，那圣贤绝对不可能成就，为什么？这是人应尽的基本义务，人之行。《孝经》里讲的是“民之行也”，我们每个人都应该做的，不做就不应该了。

人之所以异于禽兽，跟禽兽不同的地方在哪里？禽兽不懂得尽孝，人懂得尽孝。其实话也不能这么说，我们看到有些禽兽也能尽孝。我们唱的《跪羊图》，小羊都懂得跪乳之义，乌鸦懂得反哺之恩，动物都有。如果人还做不到，说得难听一点，叫禽兽不如。所以说明《孝经》是我们修学的一个非常重要的根本课目，没有这个根本，学什么样的学问都是没有根的，都是那种只能用来欺世盗名而已。他不会真正对社会、对人群有任何的利益，自己将来积累的罪业深重，绝对是到三恶道里去了。

在《孝经·钩命诀》里面（这是古代的一部书），引用孔老夫子所说的话，“吾志在《春秋》，行在《孝经》”。孔老夫子自己说，他这么重视《孝经》。这是孔老夫子自己亲手所著的两部书。第一部《春秋》，言志，第二部《孝经》，说我们做人的行为，两部都是孔老夫子所著。有些古代的批注，说这《孝经》可能是曾子所著，或者是说其他人后来写的，这个说法没有那么让人信服。我查阅了邢昺的《注疏》，他就明确给我们讲，《孝经》不是别人所著，而是孔老夫子自己亲自撰写的。它是什么？假借曾子作为他的弟子，以对话的方式来著述《孝经》，所以句句都是出自于圣贤的心地。当然《孝经》里面讲的理比较多，它也有讲到事。事最多的那就是《弟子规》，《弟子规》讲了一百一十三桩事，《弟子规》也是圣人训。如何去落实《孝经》？必须把《弟子规》落实，所以《孝经》落实在《弟子规》里面。如果没有把《弟子规》做到，《孝经》也是只玄谈而已。

郑康成（郑玄）在批注里面也讲到，孔老夫子教导人六艺，就是六种技术，所谓礼、乐、射、御、书、数，这六种。礼是礼节，我们现在讲的礼貌；第二个是乐，音乐；第三个是射，射箭，就是我们要锻炼身体。在现在来说落实这条我们并不用射箭，当然也不是要你去练枪法，就是说你要锻炼身体，要有比较强健的体格。像我们这里每天都做八段锦，这就很好；御也是驾御的技术，就是你一些工作的能力；书是书法，包括现在的文章；数就是数学。所以这个礼、乐、射、御、书、数，这六种技艺，实际上都是为了把我们圣贤的品格表现出来。所以圣人的这些技巧不是为了炫耀，而是为了帮助社会正本清源，带动风气，移风易俗。但是儒家讲得很广泛，入世法讲得很多，孔老夫子担心讲得太多，让人抓不到纲领，所以我们给《孝经》来总汇之，所以《孝经》可以说是圣贤修法的总纲领，这是东汉的大经学家、大儒郑康成所说的。

自古以来《孝经》，地位都非常的高。虽然它是十三经里面最短小的一部经典，可是它的地位却是特别的特殊，而且最受古人的推崇。古来连一般妇孺、市井之民都会《孝经》。在宫廷里面，皇帝都常常讲解《孝经》。唐玄宗就批注过《孝经》。实际上，历朝历代的皇帝，讲解、批注《孝经》的非常多，可以说是十三经里最多的一部。

我这里略举几个皇帝，譬如说东汉的光武帝。其实汉朝汉文帝就已经把《孝经》作为一部所有官员必读的教材，而且当时设立了一个“孝经博士”，这个名称就是专门学习《孝经》的学者，叫孝经博士，跟我们现在的博士不一样，当时叫孝经博士，是专攻《孝经》的学者。在汉光武帝时代，下令所有的儒生都要读《孝经》，而且连宫廷卫兵都要学习。东晋时代的晋元帝，曾经做了一个《孝经传》的批注。宋武帝、宋文帝都亲自讲过《孝经》。梁武帝，这也是佛门大护法，他也亲自批注过《孝经》，写过一本《孝经义疏》。元朝，蒙古的金人入主中原以后，他们也都推崇《孝经》。不仅是汉朝汉族人，少数民族，蒙古人入主中国，也推《孝经》。到清朝时候，满族人入主中国也是非常重视《孝经》，而且可以说在历代，清朝皇帝都批注《孝经》，这算是皇帝批注《孝经》最多的一个朝代。

清朝入关的第一任皇帝顺治，当时就亲自批注过《孝经》。而且他还下令，文武百官一起把当时学者的资源集合起来，做一个《孝经衍义》，把从古至今批注过《孝经》的经典都汇集起来，形成一部总的一个《孝经》百科丛书叫《孝经衍义》。可惜顺治皇帝当时出家了，出家以后这本书还没完稿，他就毅然放下了。放下以后，他下面的一个皇帝康熙，紧接着汇集《孝经义疏》，终于成书了，总共有一百卷。所以十三经的注疏，《孝经》就这么大，一百卷都收集在《四库全书》里面。到康熙下面的一个皇帝，他的儿子雍正继位，他又亲自批注了一部《孝经》，叫《孝经集注》。三位皇帝都批注《孝经》，可见得古时候的帝王非常有智慧，他懂得这部经真正是和谐社会的法宝。那我们今天面临着这样的一个时代，你们大家都真的是圣贤的发心，想要帮助社会安定、团结，让茂森非常赞叹，非常礼敬，那从哪里学起？从《弟子规》，从《孝经》学起，就非常的如法。

《孝经》的概要，我们就简单地跟大家做个报告，五重玄义就介绍到此。下面我们就开始学习《孝经》的经文，《孝经》有十八章，大家每天都在念，都很熟了，下面我们就一章、一章简单地来学习。

第一章　开宗明义章

首先来看“开宗明义章第一”，这个品题“开宗明义”，就很明显的指出，这段经文是本经的主旨，也是本经的精华。我们先把经文念一遍。

【仲尼居，曾子侍。子曰：“先王有至德要道，以顺天下，民用和睦，上下无怨。汝知之乎？”曾子避席曰：“参不敏，何足以知之。”子曰：“夫孝，德之本也，教之所由生也。复坐，吾语汝。身体发肤，受之父母，不敢毁伤，孝之始也。立身行道，扬名于后世，以显父母，孝之终也。夫孝，始于事亲，中于事君，终于立身。《大雅》云：‘无念尔祖。聿修厥德。’”】

这一章为我们介绍了一经宗旨。它的开头是孔老夫子自己假借曾子这样一个教学的情形，来引出《孝经》。“仲尼居”，仲尼是孔老夫子的字号，他有一天在家闲居。曾子，是孔老夫子的一位弟子，他侍奉在旁边。你看前面六个字，很简单地就勾勒出师生之谊，过去学生都侍奉在老师身边。文字虽然简单，可是我们已经能够想象出这样的画面，曾子确实尊师重道。孔老夫子有七十二贤，三千弟子，为什么不对其他的弟子讲《孝经》，而偏偏对曾子讲？孔老夫子这个里面也是有很深的含义，所以曾子是《孝经》的当机众。把当机众点出来，必定有他的意思。曾子是什么人？他是个大孝子，《二十四孝》里我们也都读过他的故事。它里面记载着，曾子有一天上山砍柴，结果家里来了客人，他母亲一个人在家，不知道怎么照顾、接待。大概也是急中生智，就咬自己的手指，因为过去没有手机，怎么打 Call 回来？所以她就咬自己的手指。结果她这一咬，在山上砍柴的曾子心里就觉得痛，家里是不是发生什么事情了，赶紧就赶回家里。回到家里一看，家里来了客人，他母亲告诉他，说："儿子，我不知道怎么 Call 你，只好咬手指，我想十指连心，你一定能够感通到。"所以你看看，曾子纯孝就有这样的感应。我们就觉得好像不可思议，怎么他妈妈咬手指，在那么远的距离，他居然能够有这个感应。现在你给儿子打手机，也许打多少回，还唤不回来。这是什么原因？因为曾子心地纯孝，心里没有其他的妄念，只有孝亲这个念头，念念想到自己的父母，才有这样的感应。可能我们当中也有人有这样的经历，如果年纪比较长的，可能父母要过世了，父母过世之前，可能你几天之前就梦到父母，往往很多人都有这样的经历。他可能在远地，他的父母要过世，就跟他父母有这样的感应，这是什么？心灵的感应。能够这样感应的人，多半都是比较孝顺的孩子，如果从来想不到父母的这种人，他肯定不会有这种感应。

所以这说明"道"就是我们宇宙的本体，它的作用是见闻觉知，那边人起一个念头，我们都能够感知。为什么我们现在这么麻木，感知不到？这是因为我们平时的欲望、烦恼太重，把我们自性本有的能力给障住了，不能够显发出来。所以儒家教人，欲治国平天下，欲明德止至善者，必先从格物开始。什么叫格物？格除你的物欲，这叫格物。这个欲望是让人麻木，让人愚痴的，很不好的一种习气，把它格除干净。但是格除物欲也不是简单的事情，要跟自己的欲望做斗争，这是真刀、真枪、真干。一开始是很苦的事情，特别对于欲望浓厚的，就像一个人对千军万马，你不用勇猛大无畏的精神，就不能够克住它，你克不住它就被它克住了。所以心为欲转，人就成为欲望的奴隶了。所以修行不外乎就是克制欲望，成圣成贤也就是放下妄念而已。儒家所谓的克念作圣，克服你的妄念，首先从克服欲念开始，才有可能成为圣人。换句话说，圣人心地清净光明，欲望的灰尘已经扫得干干净净。所以我们从哪里学起？从心里尽孝开始，像曾子那样，他心里没有其他欲望，他即使是上山砍柴，也是为他的父母、为家人，没有自己的念头，所以他有这样的感应。

因为曾子是这样的大孝子，当然孔老夫子要选择他来作为《孝经》的当机众，要对他来讲，这个人才能够堪受大法。一个人能够孝亲，他自然就能够尊师，这个师道是建立在孝道的基础上。他在家能够这样的孝事父母，他在老师麾下，就能够侍奉老师。所以孝亲尊师，这个是连在一起的，没有孝心就不可能尊师，那不尊师怎能重道？不重道怎么能成就？所以我们学习，首先第一个要孝亲尊师，这是大根、大本。

曾子在老师旁边侍奉，老师看到今天因缘成熟了，特别的欢喜，为什么？今天可以传大法了，这么好的弟子，尊师又重道，又这么有孝心。所以孔老夫子就没给他讲那些绕弯子的话，直截了当就跟他说，“子曰：“先王有至德要道，以顺天下，民用和睦，上下无怨，汝知之乎？””这是单刀直入，一下就问到了根本。先王是古圣先王（圣人），“有至德要道”，至高无上的品德，最为重要的道德和方法能够干什么？顺天下，让天下都和顺，让人民都和睦，过上快乐的日子，让上下、尊卑没有怨恨、没有对立、没有矛盾、没有冲突，更没有战争、没有恐怖，这样的至德要道，“汝知之乎？”你知道吗？这是直接说，根本不绕弯子。

曾子一听，今天老师问的问题不是普通问题，那他什么反应，曾子跟随老师这么久，而且德行学问这么好，其实你要问他这个问题，。“至德要道，孝道”，他能答得出来，我们也能答得出来，可是他是不是这样反应？有没有说：“就是孝道呗！”这么一讲，没有尊师重道，你看他怎么说，“曾子避席曰：‘参不敏，何足以知之？’”你看看，曾子多么谦卑，多么尊师重道，他本来是坐在那里。古人坐，侍坐，侍奉在老师旁边坐，不是那么大大咧咧的坐，他是双膝跪在那里坐，古人的坐法都是坐在脚后跟上，要起来随时可以起来，侍师方便！所以老师这么一问，他马上就起身，不敢再坐下去了，这叫避席。不坐在他自己的席位上了，走出来向老师行礼，然后说："参不敏"，参是曾子的名字，自称，自称名字就是最谦逊的称法。像我自己叫钟茂森，我就称茂森，前面还加个末学，这是谦逊的说法。不能自己称"我是钟茂森"，或者是"我是钟教授"，"我是钟博士"，这一看，太傲慢了。他说"参不敏"，这个不敏就是不聪明，就是我很愚钝、我很笨。"何足以知之？"我怎么能够完全了解先王的至德要道？这些都是我们应该学的地方，"谦受益，满招损"，曾子给我们身教，表现出谦卑尊敬的样子。

夫子见到这么谦卑恭敬的学生，怎么可能不把自己的圣贤心法和盘托出。所以我们想要真正得到最上乘的教诲，不是在老师那里，真正是自己要有谦卑、恭敬的存心，你才是个法器，圣贤心法才能往里头装。自己都很自满了，容器都满了，你怎么能往里头装？所以这个时候曾子说"何足以知之"，这个"足"是满足的意思。这句话不仅是谦逊也是个事实，曾子确确实实知道一些，但是知道的不圆满，所以叫"何足以知之"，知道的不足，不满足，为什么？因为真正圆满落实了孝道，那就是大圣人。佛家讲成圆满如来果地，也就是行孝行到圆满了。有一品生相无名烦恼未断，还做等觉菩萨，还是没有完全尽孝。换句话说，还不足以知之。你就想想，人如果能够知之必定能够行之，如果不能行之，说明你还未知之，所以知行是合一的。曾子虽然已经是一个很难得的大孝子，但是孝道还未做到圆满，所以他说自己还不足以知之。这不仅是谦逊也是事实，真正认识自己。真正认识自己的人就不敢傲慢，只有那种不认识自己、愚痴、颠倒的凡夫，他们才会傲慢，得少为足。所以曾子在这个时候向夫子讨教，我们也要学曾子那样对于圣贤教诲，要以最恭敬的心态来学习。

结果孔老夫子一看，这个因缘难得，这么好的弟子上哪里找？学生找老师不容易，老师找学生更难，这么好的一个学生，真的也是千载难逢，赶紧就抓住时机去教他，毫无保留。所以夫子给他开门见山地说，“夫孝，德之本也，教之所由生也”，这句话就是先王的至德要道，真的是大道至简。真正大道理就是那么简单，就一个字，孝！“夫孝，德之本也”，它是一切道德的根本，所有的圣贤教育从这里出生。换句话说，教人必须从教孝开始，做人必须从行孝开始，成圣成贤也就是行孝的圆满而已，这句话是提起总纲领，给它点出来了。实在讲，根性高的人，听到这一句就开悟了，底下的《孝经》不用再讲了，整部《孝经》到这里即达圆满，“夫孝，德之本也，教之所由生也”，还听不明白？真正落实了，你就成佛了。但是我们这个根性确实不行，不像六祖惠能大师，听到“应无所住，而生其心”八个字，开悟了，就明心见性，见性成佛，我们听这个不行，所以“复坐”，你再坐下来，“吾语汝”，我再好好跟你讲，是什么？曾子可能当时还没开悟，所以孔老夫子见到他没开悟，好吧，你先坐下来，我跟你慢慢道来。大家如果开悟了，你就下面《孝经》不用再听了，你就可以回去行孝了，去落实了，还没开悟，我们这十八讲还继续，孔老夫子说：“复坐，吾语汝。”

下面，“身体发肤，受之父母，不敢毁伤，孝之始也”，这是行孝的第一步。身体发肤，这是我们身上的器官，最小的器官，发，毛发，最表层的皮肤，都是由父母所生。来自于父母，就如同父母的财产，就如同父母的身体，怎么敢毁伤？所以真有孝心的人，他一定是自爱、自重的，这是孝道的第一步。虽然是孝之始也，第一步，其实，圣贤的教诲是行布不碍圆融，圆融不碍行布。你真把这个“始”做到了，你这个“终”，最终、最圆满、最极点的，你也能做到。如果那个上层的没做到，那你最开始的也是没有完全做到，还是有欠缺。它是圆融，做到了一个就做到了全部，一即一切，一切即一，这句话我们要细致体会。不仅是身体我们要爱惜，大家还满不错的，每天有锻炼的时间，呼吸新鲜空气，这里空气特别清新，我们的父母知道我们在这里学习，都很高兴，至少对于你的身体，这是一种很好的保养，还做做八段锦，饮食又那么规律，生活作息这么好，这对身体有好处。所以人要有良好的生活习惯，不可以晚上太晚睡觉，早上又不起床，饮食没有规律，这都是伤身体的，这就是不孝。

这里要我们了解一点，中国古代的传统的医道、医学，知道人这个机器该怎么运作，该怎么保养，才能够最健康。实际上，吃多少补药未必健康，生活规律，顺应天时是最健康的生活，那叫天补，比药补要好得太多。譬如说你跟天同步作息，你肯定健康。早上天亮了，就得起床了，最好起床时间是什么时候？三点之后就可以起床了，一天有四季，三点以后就是春天了，一日之计在于晨，一年之计在于春，一天的早上三点到九点，这是春天。春天就要生发，万物发展，有的人还赖在床上，九点钟还不起床，十点钟还赖在床上，这春天都过了。该发的不发，后来的阳气就出不来了，就会受损。九点到下午三点，这段是日中的时候，是一天的夏天，这时候做事情最有精力。下午三点到晚上九点是秋天，秋天要收藏，所谓“春生夏长，秋收冬藏”，慢慢就把活动减少，下班了、回家了，不要老在外边逛。冬天，就是晚上九点钟到第二天凌晨三点，这是睡眠时间，冬藏。如果是早上不起床，晚上又是夜猫子不睡觉，早上到了凌晨三点钟才睡，早上十点钟以后才起床，整个作息都混乱不堪，那人怎么不得病？饮食也是三餐都要正常，脾胃才好，不能够吃太多的油腻，不要吃这些杀生害命的肉食。这是跟天的慈悲之心相应，这都是养生之道，这也是尽孝。

这里不仅讲到身，也讲到我们的品格、节操。在《礼记》上有这样一句话说，“父母全而生之，子全而归之，可谓孝矣。不亏其体，不辱其身，可谓全矣”，这个解释就非常的圆满。我们的身体是全部来自于父母，虽然是小的时候形体小，但是他是个全体。父母不是说只生了一半，剩一半在肚子里，没有，全个、整个出生，全而生之，那你就得全而归之，要保全你的身体，这是孝。更重要的，不仅是不亏其体，不能作践自己的身体，更重要的是不辱其身。我们的名誉，我们的节操，也要保存得完好，这要自爱、自重。所以《弟子规》上讲“身有伤，贻亲忧；德有伤，贻亲羞”，这句话就是这里最好的批注。所以尽孝确实要每个人从细微处去观照。行一事，出一言，如果有伤道德，有伤风化，就不能去做。

我在这里也向大家忏悔。我记得我小的时候，在小学的时候我很爱集邮票，当时好像是九岁、十岁那样子，我邻居的一个小孩比我小两岁，他集的邮票也不少，我看到他的邮票就生起贪心了，我想他的邮票要是到我的集邮簿里该多好。因为这个孩子小，他就不懂，我集邮票我就懂。于是我就骗他，说：“我这里的这些邮票都很珍贵，你要不要来换？”其实我那些邮票都是普通邮票，他那里才是珍贵的邮票，然后我就骗他，他也就老老实实跟我换，结果换了很多。后来被他的父母发现了，怎么我们这里集的都是普通邮票，原来那些珍贵邮票都到哪去了？这一问之下，才知道是我干的坏事，就跟我母亲讲。当时我母亲就非常的难过、伤心，她也没有狠狠骂我，她就把我的邮集全部都放在桌上，找我来谈话。她说：“你这些邮票从哪里来的？”我一看，就知道已经露馅了，只好一五一十地把自己地阴谋给母亲发露出来。母亲看到我还算诚实，就对我说：“你这种欺骗的行为，如果是因为这个邮票而引起的，那我就要把这些邮票都烧掉，你以后不准再集邮。”因为当时我非常喜欢集邮，一听这话，马上就跪下来，哀求自己的母亲，说以后再也不敢了。我母亲见到我这样忏悔，也就同意了。说：“好吧，给你一次机会，这个邮票暂时先保存着不烧，希望你以后不要再做这些事情。”当时我自己心里也是非常的难过，确实，人要是一有欲望，道德就往往会堕落，所以为什么儒家“大学之道”告诉我们要去除贪欲，从戒贪下手。不管你有多好的家教，只要你有欲望放不下，那个欲望可能就成为你进德修业的障碍，可能就会是让你堕落的因缘。所以这个“身有伤，贻亲忧；德有伤，贻亲羞”，那个印象非常深刻，所以以后也就再不敢有造这些欺骗的行为了。

下面讲“立身行道，扬名于后世，以显父母，孝之终也”，这是从始，就是最基础的那一步，一直说到最终极的一步。孝到了最高的顶点是什么？“立身行道”，就是修身，修养自己的德行，而能够成圣成贤，“扬名于后世”，后世的子孙都在效法你的行为。这里讲得很清楚，不是说扬名于现在，如果有心想现在就出名的，那还是有名闻利养放不下，还是欲望。这里夫子告诉我们要扬名于后世，现在不用出名，后世出名，为什么后世出名？因为你的德行由后人记载，后人看了之后，他就生起向往、效法之心。所以孔老夫子当年在世，他还不是那么出名，真正让他出名的是到汉朝。汉武帝用董仲舒的建议，独尊儒术，才把儒家提到一个很高的高度，孔老夫子这才成为至圣先师，所以他是扬名于后世。孔老夫子自己本身没有想说要扬名，真正的圣贤把名利都看得很淡，夫子说“不义而富且贵，于我如浮云”，浮云我们在这里看的特别多，古晋的山庄，山上特别的庄严，外面是云海，你看的是浮云，浮云是什么？看起来好看，里面却是空的、假的，是不长久的，名利就是这样，所以要放下。真正修养品格这才是真实的，扬名于后世，让父母得到光显，后人都能够祭祀，都能够尊重他的父母，这是孝的终极。

我们上一堂课讲到“开宗名义章第一”，夫子为我们讲述了先王的至德要道，这就是孝道。而孝道的落实却是一个极其深广的过程。

它从不毁其身、不辱其身开始，那么做到圆满是立身行道，成圣成贤，扬名后世，这个是孝的终极。刚才就讲到扬名于后世，令后世子孙都能够恭敬尊重这位圣贤的父母。譬如说我们现在讲到孔老夫子，就想到孔母；讲到孟子，就想到孟母；讲到文王、武王、周公这些圣人，都想到像太姜、太任、太姒这些圣母。所以这都是让父母得到显耀。实际上讲人的名誉是实至名归的。我们对于名利要把它看淡，要把它看破。不求名利，当然也不能说什么名利也没有。因为像《弟子规》上讲的“德高者，名自高”。像我们的师父上人，他现在是名扬四海。是不是他自己求来的？不是。他对于名利真的是一点沾染的心都没有，他这样的名誉确实是因为他有真实的道德学问，而自然所感来的。因为众生希望寻求模范，想要真正能够过上幸福人生，过上和谐的日子，而且能够解脱烦恼。这样的老师出现，当然就受到非常的尊重和敬爱。所以一个人真正把德行做出来了，他也是实至名归。

我们看到在中国大陆有这样一位孝子，他叫刘霆，是一个浙江的孩子。当他十九岁考上浙江林学院时，家里却出现了不幸，他的母亲患了肾衰竭，而且家里非常的贫寒。家里原来有的房产全部都变卖了，用来治病，真的是倾家荡产。他的父亲没有办法承受生活的压力，竟然抛弃了他们母子二人，悄悄地离开了。所以，整个重担就压在了刘霆单薄的肩上。当时家里仅有 1680 元块钱，要上大学交学费，就不可能给母亲治病。他就想到宁愿放弃学业，也要照顾母亲。可是母亲不同意，一定要求自己的孩子去上大学。我们就看到母子之间的那种爱心，真的是可以牺牲奉献。

刘霆没有办法，只好就决定带着母亲上大学。他跟大学的校领导打电话，请求能够把母亲带到学校来。结果经过多次的请求，终于感动了校方。校方就决定让他和母亲一起来，而且给他减免学费。刘霆就在校外租了一间很简陋的房子，因为住校可能花费比较多，所以租一个最简单的，在四楼上面有一间小房租下来了，月租是每月 150 元，在浙江省这样的生活水平，是非常非常低廉的。又买了一张 80 元的小床，跟他母亲一块住。每天照顾母亲，给母亲做饭、洗衣服、量血压。每天带母亲出去晒太阳，然后背着母亲上楼。

当时，他母亲在孩子的身上感知到孩子弱小的身体，身体非常瘦弱，而且上楼非常喘，就非常心痛，甚至想到要寻死，不要给自己的孩子增加负担。可是这个孩子安慰他母亲说：“妈妈，你一定要活下来，你活下来了才是我最大的希望。我无论在什么样的困境当中，都会跟你在一起。”因为不可能每天请医生或者护士给他母亲来诊断治疗，他就学会了量血压，学会了打针，伺候他母亲吃药。除了照顾母亲，每天依然去上学，做功课，晚上都是要到十一二点。晚上睡觉，因为只有一张床，而且很小，刘霆总是睡在床沿上，把大部分床板让给母亲睡，他自己就卧在床边上。结果晚上起来的时候，竟然发现他跟他母亲中间有一大块空间。原来他母亲也是这样让开大部分床让她的孩子睡。我们就看到“母子有亲，父子有亲”确实是种天性。

后来，他母亲因为肾衰竭要做换肾手术，刘霆就毅然决定把自己的一个肾脏捐出来，要给他母亲。他每天还打工，挣来一点钱，每个月挣50元人民币，来养活母亲和他自己。生活是极其的简单，他每餐饭限定自己只打二两饭，只是一点青菜，全素食。有时候甚至饿得吐血。后来，这件事情被记者发现了以后，就把这个感人的孝道的事情报导了出来，就有很多的热心人士纷纷捐助，要帮助这一对患难的母子。结果，没想到很快一些热心人士竟然筹集了25万元，送给他们母子。有一家医院也答应捐一个肾出来，给他的母亲做手术。有医药费，又有了肾源，自己就不用捐肾了。手术做好之后，他的母亲就慢慢她康复了。

这个孩子，他非常地感恩热心人士的帮助，他也想到，像他这样遇到患难的人也很多，不能够自己独享大家的爱心，所以他自己就把剩余的5万块元又捐了出来。在他的学校设立了爱心基金，来帮助那些像他一样读不起书，而且家庭困难的孩子。所以我们就看到这位孝子，现在已经在全国出了名。每一个人读到他的事迹都非常地感动。中国政府还授予他们母子“爱心大使”的称号。这样的名誉确实是实至名归。刘霆他本身，根本没有想到要这个名誉，就是这么一种很单纯的孝亲之心，应该得这样的福报。所以我们就看到“德高者，名自高。人所重，非貌高”。一个这么平凡、贫穷的孩子，没想到德行的光辉，使他能够成名于现世。像他这样的人，我相信如果有人再做现代二十四孝的话，也应该把他放在里面，让后世子孙也来效法。这是我们看到的现代孝子版本。

古代的扬名于后世一个最好的例子，可以说是范仲淹。他是宋朝的宰相，出将入相，为朝廷立功，为后世立德、立言。我们今日读到《岳阳楼记》中“先天下之忧而忧，后天下之乐而乐”的句子，就能够感知到这位圣贤人的情怀。范仲淹也是出生于贫苦的家庭，家族没落，父亲早死，母亲又带着范仲淹改嫁到姓朱的人家。等他长大之后，才知道自己不姓朱，而是姓范，而且被朱家的人排挤，看不起。于是，他就立志要好好读书，将来能够重振范家，真正有一定的名禄了，再接他母亲来奉养。所以他拜别母亲的时候，跟他母亲讲："妈妈，请您等我十年，十年之后我来接您，回家养老。"说完之后，带着几本书、一把古琴、一把佩剑，离开了朱家，到一个破旧的寺院里面读书。

记载里面讲，真的是苦读寒窗。五年衣不解带，非常用功地读书。晚上睡觉，看书看得困了，就歇一会儿，从不脱衣服睡觉。闻鸡起舞，生活极其的清苦，吃的也非常简单，叫断齑画粥。齑，是咸菜；粥，就是我们煮的白米粥。粥煮好了之后，凉了就凝结成块。范仲淹就每一餐切一块，然后就一点咸菜吃，这样来生活。有一天，他的一位同窗好友看见他过着这样简单的日子，就生起怜悯心。这个好友家境不错，给他送来一桌酒席，请他改善改善营养。结果范仲淹收下了，也没有动。过了好久，这个好友再去看他，发现酒席原封不动，都已经发霉了。就问他："你为什么不吃我给你的酒菜？"范仲淹说："不是我不愿意吃你的酒菜，是今日吃了你的酒菜，来日就吃不下我的齑粥了。"可见得这位读书人（这位士人）以苦为师，用清苦的生活来激励自己的志向。为什么？因为心里长存着报答父母、报答祖宗恩德的这份心，所以读书不敢懈怠。

有一次他在寺院的院子里看到树下藏着一坛白银，清苦的人遇到了这坛白银，可能会想："大概上天怜悯我！送一坛银子给我。"但是范仲淹并不这样想，他没有动心，还是把这坛银子原封不动地埋好，就好像什么事都没发生一样。到后来他成名了，做了宰相，家乡的人来找他化缘，希望他帮助修复寺院。范仲淹说："你们那儿就有钱！你们在我指定的树底下去挖，就有一坛子的白银，足够你们修复寺院的费用。"大家才知道，原来范仲淹先生早年见金不动，路不拾遗，这是多么崇高的节操。为什么他的心这么定？因为他心里有崇高的理想，他有优秀的孝道品德。所以，这些物欲现前，不为所动。

所以他后来真的考上了进士，离开家的时候他跟他母亲讲“请等我十年”，结果他八年就衣锦还乡，接他母亲奉养了，提早了两年。他以孝悌之风传家。所以他的儿子，乃至后世子孙都是很有操守的君子。譬如说他的一个儿子，范纯仁。当时朝廷也是仰慕范纯仁的德行，范仲淹先生年纪老了，退休了，因为他常常布施，家里也是很清贫。要知道一个当过宰相的官员，告老还乡之后还是这么清贫，我们就能够知道他的德行有多么崇高。他的儿子也是这么有德行，有学问，朝廷两次聘请他出来，他都没有去。一般人，如果是皇帝请了，早就去了，请一次就去了，别说请两次。但是范纯仁，因为当时自己的老父在家里养病，所以他就拒绝了朝廷的请求，“父母在，不远游”，照顾自己的父亲。他曾讲过“岂可重禄食而轻父母”。怎么能够为了高官厚禄，而轻薄了自己的父母。这种饮水思源，知恩报恩的厚道存心，我们要好好效仿。“岂可重禄食而轻父母”，用现在话来讲，就是把孝道摆在第一位，把自己的事业摆在第二位，名利更是要摆在其次。

我从小就非常的幸运，有一位很好的母亲，她非常注重我这些传统道德文化的学习，常常也给我们讲这些故事。在家里我是独生子，虽然我家也有点像范仲淹先生的家一样，我父母早年离异，我母亲就带着我过日子。但是她没有改嫁，她依然自己清居在家。她50岁退休以后，就一直没有出来，专心在家里学习佛法。每天念佛听经。她鼓励我一定要立志，能够为社会做一些贡献。我记得在1992年的时候，我还没到20岁，19岁。我刚刚上大学，第一年生日的时候，我母亲就给我一个生日贺卡。这个贺卡可以说，把她对我这一生的期望，都写在里面了。我想在这里跟大家分享一下。她说：

“茂森儿，祝贺你19岁青春的年华。这是你迈进大学的第一个生日。世界上有两样东西，只有失去时才知道它的价值，这就是青春和健康。希望你做一个智者，身置庐山之中而知庐山之美。你已经成年，今天和你谈谈我对你人生的总体策划。假如环境没有意外，你的道路是大学毕业获学士学位，研究生毕业获硕士学位，攻读博士获博士学位。争取到当今世界发达的国家学习和工作。成家要晚，立业在先。遵循古训，修身、齐家、治国、平天下。在修养方面，克服浮躁，一心不乱，增加自控能力。宁静致远，行中庸之道。30 岁前，学习积累打基础，30 岁至55 岁，成家立业，干一番事业。55 岁后收心摄心，总结人生，修持往生之道。这样，当你回顾往事的时候，可以自慰地说：我活着的时候很充实，离去的时候很恬静。永远爱你的母亲。1992 年 5 月。”

这是我母亲在 17 年前给我的垂询、教导，指点我人生该怎么走。古德有说“家有一老，如有一宝”。有老人言常常能够听得到，这最有福分。我当时因为母亲的这样一种期许，心里就想到母亲养大我也不容易，而且，母亲也遭到人生的不幸。为了我真的是含辛茹苦，所以就特别有一分报恩的存心。读书也算用功，在大学毕业之后就考到美国去攻读硕士和博士。因为家里家境也是很一般，没有什么钱带过去，生活自然就是非常的简朴。在留学期间，我记得那时候幸好还有奖学金，成绩还算可以，有全额的奖学金，每个月好像是 800 美元，生活就要十分的节俭。为什么？因为我自己每个月规定，给父母家里寄 300 美元，剩下 500 美元自己用。

所以在美国留学期间，住都是租最便宜、离学校最远的、很简陋的房子，而且一起住的人很多。也幸好找到和我一样家境贫寒的人，8 个同学一起住一个公寓房。冬天不舍得开暖气，夏天不舍得开冷气。虽然在路易斯安那州读书，那是在美国南部，可是冬天也会下雪。真正冷的时候，我记得曾把自己所有的衣物都盖在了身上。我从中国带过去的一条毛毯（不舍得买棉被，棉被挺贵的，带过去一张毛毯），然后把自己的大衣、毛衣都盖上来，还不够，就把书本也压上来。

吃饭买菜，每个礼拜搭同学的便车去超市买菜。买菜对我来说是件很简单的事情，因为我不是看菜的好坏，我是看菜上面价格的牌子，最便宜的就去拿。常常都是一些胡萝卜、包心菜。因为这些量大，价格便宜。每餐吃的是胡萝卜加包心菜，包心菜加胡萝卜。后来才知道，原来这两样东西很健康。煮饭那个锅，煮饭炒菜都是用同一个锅。这个锅是有一位学长毕业了，他用的高压锅不用了，因为那个高压锅已经不高压了。高压锅上面的限压阀都没有了，只有个盖，是漏气的。我就把它捡回来，炒菜、煮饭、熬汤都用它。这一用就用了四年。

省下的费用，除了刚才讲的，给家里父亲寄100美元，母亲寄200美元，这300美元寄过去，然后剩下500美元，还继续划分。像范仲淹“断齑画粥”，把这500美元继续划。除了自己的学杂费和生活费以外，省下来，每个礼拜，要给父母打长途电话。别人笑我说：“你什么都省，就是打电话不省。”一打电话，就讲一个多小时。不像现在有网络电话，打电话可以不用钱了，以前都挺贵。另外，每一年省下一张机票费，可以回国探亲一次。当时，心里总想着赶紧完成学业，可以早点接母亲去奉养。我母亲在我出国留学的时候给我一个生日贺卡。她是这样写的：“茂森儿，我的祝福将伴随你走遍天涯海角，我的心愿将附丽与于你清净光明的一生。”这是1995年，14年前，我出国留学的那一年，母亲给我的生日贺卡。

我到美国大学读书的时候，每两个礼拜给母亲写一封长信，每礼拜打一次电话，汇报自己的学习生活。因为母亲一个人在国内，也是很寂寞孤独的。而且父母之心肯定都是惦念自己远在海外的儿女。所以常常地联络沟通，让父母的心能够安。虽然远隔重洋，可是四年的留学生活，我觉得跟父母还是连着心的，没有距离。其中我就写了很多信，现在都搜集在我的家庭文化箱里。上次到澳洲，钱师傅帮我整理出来。我箱子里很多的信函拿回去，也是一大沓。我想随便可以抽出一两封，给大家读一两段。下面这封信是我1996年1月7日写给母亲的信。我是这样写的：

“冬天的路易斯安那州挺冷，我们这儿晚上一般都在零度以下。有一天早上起床，竟发现天上飘落许多雪花。目前是最冷的时候，我可以挺过来，便可省些钱，无需买棉被。尽管冷，我仍然保持每周一两次的冷水浴，在冷水浴时我可以锻炼自己舍受。我目前的学习生活都较单调，每日穿同样的衣服，吃同样的菜饭，走同样的路，读同样的书，我尽量让自己在单调中求单调，使躁动的心息灭。我每日早晚警示自己安住单调的生活，做至少七年的机器人，直至获得博士学位为止。”这里要插一句，在美国读书，一般硕士要2～3年，读博士要4～5年，所以说，这里说要做7年的机器人。我母亲希望我拿到博士学位，我跟我母亲说，“请您等我7年”。

“因为我深深懂得，我来美国不是享受的，而是在欠着父母的恩德，花着父母的血汗钱，若不努力读书，天理难容。所以，我突然很喜欢寒冷的冬夜。因为，在冬夜里我才能体会“头悬梁，锥刺股”的精神；才能享受范仲淹“断齑画粥”的清净。这个星期五晚上，下了一场冻雨，格外的冷。然而我的进取心却比任何时候都强了，我要以优秀的成绩供养父母。妈妈，请您放心，您的儿子向您保证，向您发誓，我一定会孝顺您。把孝顺放在第一位，把事业放在第二位。”

当我母亲接到我这封来信的时候，您猜猜她怎么回答？有没有说“儿子，赶快买床棉被吧！不要太糟践自己！”或者是“多买点营养品，改善改善营养吧！”我母亲没有这样说。下面是她回信当中的一段，她说道：

“寒冷能使人如此理智和坚强，感谢路易斯安那州的冬天，感谢清苦无欲的生活，它使人恢复性德之光。”

你看看，我母亲没有让我花钱去买棉被，而是感谢路易斯安那州的冬天。也没有让我多花点钱去买营养品，而是感谢清苦无欲的生活，因为它能够使人恢复性德之光。诸位学长，什么叫性德之光？那就是孝道的光。孝，就是性德，它能够彰显我们自性的宝藏。能够让我们的自性、德能、光明显发出来。当时我在母亲的鼓励下，自己规定了自己7条戒律。因为家里没什么钱，自己也是想到要赶紧完成学业，所以读书就非常的用功。

我的资质不好，在我小的时候，我的外婆就看出来了。从小我母亲是循循善诱，很耐心地教导我，但是我外婆看了都有点不耐烦了。外婆本是很耐心的人，看到说："这孩子怎么这么教都教不懂，真笨！"所以我这资质是很差的。笨鸟先飞，勤能补拙，笨点没关系，用功就行。所以别人去Party，我就不去；别人去旅游、去玩，我也不去。每天都是三点一线。学校里面的图书馆，自己的宿舍，还有就是自己的实验室。每天都是重复同样的工作、生活。规定自己的"七不"，这"七不"我给大家分享一下。第一不看电影电视；第二不逛商场；第三不留长头发；第四不穿奇装异服；第五不乱花钱；第六不乱交朋友玩乐；第七不谈恋爱。这是七不。所以虽然自己笨点，但是经过努力地学习，每次考试竟然还是全班第一名。本来是7年完成硕士和博士的课程，我4年就完成了。

当时博士毕业，当然要找工作，一般来讲，最好是找到像大学里教书的工作。我母亲也是很希望我能够教书，因为我的外公就是一名教授，所以她希望我也能够做一名教授。在美国当教授是很不容易的，因为教授的行业工资比较高，工作比较清闲，人也有身份，所以人人都向往之。吃饭的人多，饭少，那就要凭实力。那么，当时最重要的就是自己的博士导师的推荐。当时我跟着学习的这位导师，在美国来讲是比较知名的一位经济学家（我是学金融的)。他要求人非常的严厉，常常布置的工作量很大。譬如说，我刚开始做事的时候，就跟着他，这一跟就跟了4年。我为什么能跟他？因为别人都不跟他，他要求很严格，所以学生都受不了，都离开他了，只有他的助理研究的职位空缺出来。当时我是初生之犊不怕虎，就跟着他。结果一上岗，就领教到他的厉害。譬如说规定我们每个礼拜只要工作20个小时就够了，可是他交代的工作量，没有40个小时不能完成。接了这项工作以后我总是会问一句，说："老师，您这个工作什么时候需要完成？"他说："我昨天就该要了。"换句话说，交给你的时候已经迟到了，你就赶快做吧！别问了。所以40小时投入，也是学习。因为帮他搜集数据，做一些统计的检验等。

严师出高徒！再笨的人，只要有很好的环境去历练，也能出人才。所以这4年下来，我的进步在学术上也是很快的。原来40小时才能完成的工作量，后来30小时就能完成，再后来，20小时就完成。再后来，熟能生巧，10小时就完成，多余的时间还能自己做研究，跟他合写论文，因此毕业之前，就已经有8篇论文发表了。这位导师在他的推荐函里面说："茂森在4年里面能完成7年的学业，这个是在我们学校里面是第一次见到。茂森能够在博士没毕业之前就已经有8篇论文，这个成绩是一个任职多年的教授才能够做得到的。"他说我是他25年学术生涯里面见到的最优秀的学生。

原来我请他写推荐函的时候，还有点心惊胆战，因为他是从来没有笑容的，要求人这么严厉，要是他在这推荐函里写得很严厉，我就完蛋了。没想到他4年没有赞叹过我一句话，却把它全都写到推荐函里面了。所以这份推荐函一出去，找工作就易如反掌了。很快两家大学的聘函就寄来了。我就选择到得州大学去任教。

当时，完成学业以后，我第一件事情是立刻邀请我的母亲来参加我的博士毕业典礼，然后到美国跟我一起生活居住。我想到，我不再是每个月800美元的收入了，我现在一年6600美元，生活还不错了。可以买车，可以好好地奉养母亲了。所以特别回到中国，给我母亲办签证，请母亲过来。我跟母亲说："你看，原来说请您等我7年，现在4年您就来了。"提早了。

到了美国，我跟我母亲一起生活。我的工作，母亲也非常支持。她是一个很会做菜的人，她原来是做"中国食品报"的记者，专门报道哪里有好吃的。懂得做，又有理论又有实践。她很支持我的工作，让我非常安心地去工作。同时，她每天在家里就学佛，她也不出去交往。我们在美国一起度过愉快的三年半。在大学里面，由于过去基础比较好，再加上母亲的支持，所以在学术成绩上面还算不错。在美国，我两次获得国际会议里面的最佳论文奖。美国政府特别给我批了一个优秀教授与研究人才的绿卡，要留我在美国。

当时，因为我跟母亲一直听师父的经教。在2000年的时候，当时师父在新加坡弘法，我和母亲就到新加坡去拜见我们的师父上人。师父就劝我：“你在美国，不如到澳洲来。因为我们现在要在澳洲建立一个净宗学院，有一些真修实干的同修，我们在那里学习。你也过来，我们一起学。而且，现在昆士兰大学要聘我做荣誉教授。让我代表大学去参加一些国际的会议，促进宗教团结、世界和平的这些事情，你可以过来，当我的翻译。”当时我一听，也是诚惶诚恐。我说：“我英文水平不够，上台教教金融课还可以，给您老人家做翻译，讲圣贤之道，没有这个能力。”我们的师父很慈悲，后来他跟我打电话的时候说“你不要怕，过来吧！我们可以共同努力。”

我一听，想想自己有什么资格能够跟师父共同努力！师父这么德高望重，是举世敬仰的大善之士，对我们这些后辈晚生讲话都这么谦逊，说跟我共同努力。当然师父这么慈悲的接引，马上就觉得自己确实应该随顺师长的教诲。“父母呼，应勿缓。父母命，行勿懒”。而且，如果能够为师父做一点事情，哪怕是打打杂，拎拎提包，这也是应该的。报效自己师长之恩。所以当时就决定放弃美国，到澳洲去。我母亲也很支持。到澳洲，当然人生地不熟，生活来源是要考虑的。就想到看看哪个大学在招聘人，我们可以去报个名。正好就遇到昆士兰大学招收老师，金融的。这一看，对口，马上就把我的简历投给他们。他们一看，也正好对口，连邀我见面都不需要了，打个电话跟我做个interview，就马上给我发了聘函，请我做高级讲师。当时我就跟学校讲：“我要来的话，不仅我要来，还有我妈妈也要来。你得给我妈妈也要办永久居留才行，否则我不能来。”结果大学马上就同意了，给我和我母亲同时办好移民的签证，而且一个月之内就全部办好。通过外交部到澳洲驻美国的洛杉矶领馆，打电话告诉我说：“你的签证已经办好了。”我说：“这么快！”后来，我跟师父报告，师父说这是三宝加持。这就来到了澳洲。

来了之后，师父很欢喜。当时他也接引我们，留我母亲和我在他住的三十六号寮房，住了一个月。让我在这一个月当中好好的安顿，找房子、搬家、报到等等。结果一个月以后，我们都安定好了。安定好了之后，师父当时还特地到昆士兰大学来看看我家里，给我题了一个墨宝，叫“得至清净处”。这是《无量寿经》上的话，“闻法乐受行，得至清净处”。这“得至清净处”我们看到很有味道。是不是师父说我们从美国到澳洲是清净处？是不是我们现在能够到净宗学院，跟这些善知识，跟我们的法师在一起修学，是得至清净处？能够亲近师父上人是得至清净处？大概都有。能够跟随我们师父上人学习，最后往生极乐世界，这才是真正得至清净处！所以，愈想就愈有味道。

所以我把这个墨宝就挂在我们的大厅里，每天在观想。这个墨宝还印了我们师父的五个印章。第一个印章“仰慕佛陀”，就是仰慕圣人，立志成圣成贤；第二个印章“学为人师，行为世范”，就是我们要落实圣贤的教诲，做世人的榜样；第三个是“纯净纯善”，这是我们的心法，心要纯净，要纯善。第四个是“反求诸己”；第五个是“心平气和”。这是行门。

确实，圣贤之道都是反求诸己。凡是行有不得的时候，外面找不到原因，不是外面的原因，都是自己的原因。凡是做不到跟人和谐相处，肯定是自己出了问题。凡是有不顺心的、不如意的事情发生，都是自己的业障。所以，一直到最后，度尽无量无边一切众生，都是反求诸己的功夫在落实。落实到最后，圆满自性现前了，成圆满佛了。你的反求诸己的功夫才叫圆满。所以，当时悟全法师到我家里，仔细端详这个墨宝，说：“这是师父的大法，传给你了。”确实，这些理念，师父在经教当中，反复地为我们宣扬。认真落实，我们自然就能够得到受用。

这里就多说几句，聊聊闲话家常。当时，我们师父就劝导我，说你可以把弘法当做副业。“弘扬圣贤文化可以作为副业。”我一听，心里还挺踏实。为什么？不障碍正业。我的正业是在大学里当教授，教书挣钱！在行有余力的时候，可以讲讲课。这也是师父的方便接引。所以，在净宗学院也做过几次的习讲。譬如说，讲过《生命轮回的科研成果介绍》《太空物理学新发现的启示》《青少年应有的品德》等等的讲座。到后来，大概是三宝加持，学校里面也满器重的，连续两年都获得大学里面的优秀研究奖，而且有两次获得澳洲政府给的研究资助项目，这在大学里面是很受青睐的。

2005年，我32岁的时候，学校就破格提升我做终身制的，把我提为副教授。终身制的意思，就是你不要辞掉工作，学校就不会辞掉你，就是我们中国人讲的铁饭碗。当时，国内外有好几家大学也想聘请我去做全职的终身教授。当时因为师父在庐江建立中心，他也曾经劝我过去中心帮帮忙。我就想到还是用个方便的方法吧！看看中国有没有大学招我，我可以过去。当时来澳洲也是这么来的。正好厦门大学要组织一个金融财务研究所，想要创出世界品牌，招取这些世界有点名气的，很有能力的一些教授来担当这些重任，就要请一个主席教授，结果后来就找到我。跟我谈，用年薪80万元来招我做主席教授。希望我能够带15个优秀的学者出来，能够把他们的研究所带起来。而且还答应，每年都有50万元的研究经费，还送一套房子住，还能够包三餐饭。我这一看，好家伙，都用不上钱了。

当时我母亲也很有意想回国，总是觉得家乡好，告老还乡，叶落归根。那时候就向师父上人请示，说现在有这样一个机会，要不要接受厦门大学的聘请？所以就问师父，是在中国好还是澳洲好？当时我母亲跟着我们师父在散步。在Hight field那里，Hight field就是在澳洲我们师父住的地方，在房子外面的走廊那里散步，结果我母亲这么一问，在澳洲好还是在中国好？我们师父就回答了一句，说“做圣贤好。”我母亲一听，怎么好像答非所问，就好像当头棒喝，像禅宗里面的机锋话。马上能够让我母亲回头想，是！在澳洲、在中国都无所谓，关键是要作圣作贤。所以母亲回来，就跟我讲了这件事。我当时一想，就领悟了，大概师父不是希望我把弘法做副业，而是要把它做正业。所以当时也就毅然决定放弃终身教授的职务。跟我母亲商量好，母亲也很支持我走上这条道路。

所以我当时就写了一篇“报恩立志文”呈给师父看，想要效法师父，这一生专门走弘法利生、圣贤教育的道路。不管人、不管事、不管财，也不用为自己的身家性命着想，君子谋道不谋食，忧道不忧贫。愿意把工作辞掉，跟我们师父上人学习。之后，2006年9 月27日，我母亲带着我到香港去拜见师父，拿着一些礼品，束脩之礼去拜师。我母亲写了一篇《送子拜师文》，就去拜见师父。当时师父知道我们来拜师，很高兴，特别换了新的衣服来接待我们。我母亲就按照我们师父讲的古礼，请师父上座。我们先向佛像三拜，再向师父三拜，献上我们一点束脩之礼，和这篇《送子拜师文》。我母亲向师父表态说，“我的任务已经完成，以后茂森就跟着师父学习，一切都听师父安排。”把我捐给圣贤教育，师父也非常地欢喜，接纳了。

我母亲在我19岁的时候写给我的贺卡中对我的希望，在我刚刚得到澳洲的终身教职后，我初步做到了。可是母亲2005年的时候又给我写了一张贺卡，她是这样写的：“茂森儿，做母亲的希望你更上一层楼，希望儿子做君子、做圣贤，你能满我的愿吗？”母亲给我提了更高的要求，不是只做一个教授就行了，还要做君子、做圣贤。我在后来给母亲的一张生日贺卡上面，回答了母亲这个问题。我是这样写的：“《孝经》上说，“立身行道，扬名于后世，以显父母，孝之终也。”因此，大孝者应以德济世，为天地立心，为生民立命，为往圣继绝学，为万世开太平。目前世界圣教衰微，天灾人祸频繁。我们庆幸得蒙净公恩师教诲，得遇正法，获益无穷。我愿继承恩师之志，为挽救世运人心，努力修学，从格物、致知、诚意、正心、修身开始。尽形寿为人演说圣贤之道，以报父母恩师、天地祖先、古圣先贤之德。儿茂森顶礼！2005年元旦。”于是才有我母亲支持和带我走上拜师之路。

当我母亲知道我这样的一个心愿的时候，她非常地赞许。她说：“能孝敬自己的父母是小孝；能孝敬天下的父母，全心全意为人民服务是大孝；能成就圣贤，普利众生，使千秋万代人获益无穷是至孝。我支持儿子走上大孝，奔向至孝。”《孝经》里面，虽然初始教我们，身体发肤，受之父母，不得毁伤；而到终极必须立身行道，扬名后世，以显父母。让父母的德行、父母的愿心真正得到落实。必须自己成圣成贤，方能做到。当然，成圣成贤必须有真正有圣贤心智的父母的支持。像我的母亲，她一个人生活，我是她的独子。好不容易养活我30年，终于能够挣钱了，能够赡养父母了。而这个时候能够支持儿子放弃工作，重新做一名学员，去学习圣贤之道。这时母亲必须做出很大的牺牲。

我自己之所以走上今天这条道路，从2006年底到今天，将近3年了，这3年当中，确实自己觉得受益良多，也有很大的提升。第一个感恩的当然是自己的母亲，没有父母的养育栽培，没有父母的支持，怎么可能在这条路上走？所以我们看古今的圣人、圣贤，每个人后面都有一位圣贤的母亲。刚才讲的文王、武王、周公，他们的母亲太姜、太妊、太姒，都是圣母。孔老夫子的母亲孔母送孔老夫子去拜师，孔老夫子他很孝顺。他本来是做吹鼓手，给死人鼓吹，挣点钱养活母亲。因为母亲靠织布为生，很苦。可是当孔老夫子不愿意读书而回家的时候，被他母亲骂，他母亲希望的不是他只尽小孝，而是真正尽大孝，尽至孝。孟子的母亲也是这样，她之所以能够三迁其居，“孟母三迁”，为什么？就是为了创造良好的学习环境给自己的儿子，让自己的儿子成圣成贤。当孟子中间辍学回家，他母亲竟然把她所织的布剪断，孟子看了吓一跳，为什么母亲织布织了一半又把它剪掉？他母亲说：“你现在中途停学回家，学业半途而废，不就等于我现在织布织到一半就剪掉一样？”所以，我们看到，真正能成圣成贤的人，背后都有一个伟大的母亲。当我们有伟大的母亲的时候，更要珍惜这个机会，更要去学习圣贤，能够立身行道，扬名于后世，报答父母。

所以，当我走上这条道路之后，我写了一首诗，叫《感恩慈母颂》。这两张照片，一张是我儿时的时候，一张是我现在30多岁的时候。这首诗是这样写的："春秋六秩转瞬间，育儿辛苦三十年。昔有孟母勤策励，而今家慈不让贤。不恋高薪教授衔，唯希独子德比天。从来豪圣本无种，但以诚明度世间。"这个"诚明"是《中庸》所讲的"诚者，明矣；明者，诚矣"。印光大师讲"圣贤之道，唯诚与明矣"。真诚是体，明是智慧，这是用。真正到诚明圆满了，这就是大圣，这就是佛。所以，我们学圣学贤，要有信心，自己本身跟圣贤无二。孟子讲"人皆可以为尧舜，而尧舜之道，孝悌而已矣"。真能够把孝悌做圆满了，自己能做圣贤。要有坚定的信心和愿心，这样子才能够做到圆满的大孝至孝。《孝经·开宗名义章》这个文我们讲完了，后面还有《诗经》的一句话，留待明天跟大家做报告。谢谢大家！我们今天继续来学习《孝经》，昨天我们讲了第一章《开宗明义章第一》，但是最后还有一句没有讲完，我们再把它做一个结束。

昨天我们给大家做了报告，是夫子对他的弟子曾子讲先王的"至德要道"，这个至德要道就是孝道，而孝道的含义极其的深广，要去落实，夫子为我们讲了三个层次，所谓"始于事亲，中于事君，终于立身"。虽然讲有始和终，始是基础，从这里下手；终是终极的、圆满的孝道，但是在行孝当中是没有终始之分的。虽然我们在家里孝亲，但是只要把我们真诚的孝心养成以后，走入社会自然就能够为社会、为人民来全心全意地服务，这就是事君。而能够终其一生，把这个孝心保持永恒不变，并且能够发扬光大之，那么成圣成贤也不难。孟子说："尧舜之道，孝悌而已矣"。所以，到终极的孝就是立身行道。这一章末后，夫子引用《诗经·大雅》这篇文中的一句，他说道：

【无念尔祖。聿修厥德。】

《诗经·大雅》是属于赞叹贵族、王室这样的一些诗歌，这一句是出自于《大雅·文王》，这一句话是赞叹文王的美德的。我们晓得文王也是纯孝之人，所谓"文王三省"，每日他都去给他父亲去问候。这句话是讲永远念自己祖先的恩德，而且能够述修祖德。“无念”的无是个语气词，它没有意义，这里“无念”就是念，就是“念尔祖”，“尔”是你，就是要永远地怀念、记住自己的祖先。“聿修厥德”，“聿”就是述，当述字讲，叙述的述，“修”就是修为，所以聿修就是把祖先的德行演出来、传出去，就是这个意思。厥德的厥是一个代词，“其”的意思，就是述修其德，就是代表祖先的德行。这个真正是大孝，大孝之人能够善继祖先之志、善述祖先之事。

我们自己现在身为中华文化教育的一名老师，人家称我们作老师，我们自己要常常想到有没有资格、有没有德行学问述修祖德，这才能够堪称老师。念念不忘把我们老祖宗的道德、学问继承下来、发扬下去，这才能够称为“述修其德”，我们才可以说对祖宗尽孝。假如让中华的道德文化断在我们这一代的手里，那我们有何颜去面对祖先？所以这一章开宗明义是言简意赅为我们说出孝道的真实含义，那真的是其深无底、其广无边。

第二章　天子章

从第二章开始到第六章总共五章的经文，是给我们分别说出五等之孝，自天子至于庶人五等之孝。我们去读这五种类型即五个阶层人的孝道，都要懂得回光返照，想想我们自己如何去落实。这“五孝”也实际上是第一章《开宗明义章》的发衍。我们先来看《天子章第二》，我们一起来把这一段经文念一遍。

【天子章第二。子曰：“爱亲者，不敢恶于人；敬亲者，不敢慢于人。爱敬尽于事亲，而德教加于百姓，刑于四海。盖天子之孝也。《甫刑》云：‘一人有庆。兆民赖之。’”】

这一章经文的品题（章题）《天子章》，顾名思义是对国家领导人而言。一个国家的领导对于国家来讲，他是一个带头人，他能够把孝道落实了，那么真的是一人尽孝，全国人都尽孝了。所以孔老夫子在这里说“爱亲者，不敢恶于人”。爱自己的父母怎么敢讨厌其他人？“敬亲者，不敢慢于人”。尊敬自己父母的人怎么敢怠慢别人？能够把爱敬在家里、在父母这里养成以后，拿出去对待百姓，才自然能够把德行、孝道发扬光大。而以身作则、带动社会的作用效果是不可思议的，特别是作为领导，他为四海的百姓做好榜样。“刑于四海”的“刑”就是做好榜样的意思，所谓“学为人师，行为世范”，这个叫做“天子之孝”。

我们看了这段经文，不能想说我又不是天子，这些事情不关我事。这样学这个经那就学呆了，不能够反观自照，那是全无用处。这个经文对每一个人其实都是适用的，换句话说，“天子之孝”每一个人也都能够落实。古人有所谓“天下兴亡，匹夫有责”，天下的兴亡不是只有天子有责，匹夫也有责，匹夫就是普通老百姓。我们作为普通老百姓，对天下的兴亡要不要负责任？当然要负责任了，这个道理是极深的。

佛法里面告诉我们“一切法由心想生”，这个“天下”当然也是我们心想生的。所以孔老夫子对颜回讲“一日克己复礼，天下归仁焉”，你就想想，我们如果能够做到克己复礼，克己就是克服自己的习气、毛病；复礼就是遵循古圣先贤的教诲。这个事情谁来做？不能要求别人，只能要求自己，我自己克己复礼天下就归仁，天下都能够归于仁了，也就是我们现在讲的世界和谐了，人民都能够安居乐业，天下太平。这个事情是我自己要做的，不能够求别人。所以，我自己能够爱敬自己的双亲，能够自己做出来，那么自然对周遭的人就有感化的作用。所以“德教加于百姓”，“德教”重在身教，言教还是其次，你能够真正这么做了，那百姓自然就向你学习，效法你，那你就成为四海的模范。所以“天子之孝”你也能够做到。

我们看“二十四孝”里面一个很有名的孝子，汉文帝，他自己是天子，但是他在家里对待自己的母亲那种爱敬之心，完全没有把自己当作一个天子来看。他做了皇帝以后，他的母亲薄太后生病，一病就是 3 年，3 年当中汉文帝每天都侍奉在母亲床边，真的是像《弟子规》所讲的“亲有疾，药先尝。昼夜侍，不离床”。他母亲看到他日理万机还这么辛苦照顾自己，很心痛，劝他说，“你就不用担心我的病了，这里有很多的宫女都可以照顾我，何必要你自己亲自动手，亲力亲为？”结果汉文帝就跪在他母亲面前，说，“如果孩儿不能在母亲有生之年，亲自替您做点事，那以后哪里还能有机会报答您的恩德？”所以你看看，汉文帝身为天子，却也同时成为久病床前之孝子，所以当时是天下大治。为什么？因为百姓都敬仰他的孝德，一人能够做出孝道，一国也跟着做。所以，他能够开创历史上有名的文景之治，这是他的德行之感召。

孝里头关键要讲一个敬字，这个敬在现代的社会确实很多人都把它忽略了，甚至对于自己的父母，他以为自己很爱自己父母，实际上他如果没有敬，这个孝顺也说不上。孔老夫子曾经讲过一句话，这是“子游问孝”，他的弟子问孔老夫子什么是孝道，孔老夫子跟他讲：“今之孝者，是谓能养”。就是现在人都以为孝顺父母就是养活父母，可是“至于犬马，皆能有养；不敬，何以别乎？”孔老夫子说得很不客气，他说如果以为养父母这就是孝道，那就全错了。为什么？那养狗、养马也是养！养狗、养马跟养父母有什么区别？区别就在于能不能够敬父母。

所以真正能敬父母，他是处处不敢怠慢，养成这种恭敬之心，他也就不敢怠慢任何人了。假如你看一个人他还怠慢任何人，换句话说，他的孝敬之心也没有圆满，有很多欠缺。昨天有一位学长跟我讲，一个他认识的亲戚，说他很孝顺，对他的母亲真的是关怀得无微不至。他母亲九十多岁了，躺在床上得病了，他对他母亲真的是照顾得很周到，但是他对其他人都非常的讨厌，而且常常去批评别人，对别人很苛刻，怠慢别人。他问我：“他是怎么一回事？他是不是尽孝了？”我说：“不是。”为什么？这个答案《孝经》里你看这句讲得就很明显了，“爱亲者，不敢恶于人；敬亲者，不敢慢于人”。那他还敢讨厌人家，厌恶人、怠慢人，那你说他是爱亲还是敬亲？所以，孝敬这里面不能只讲到情执而已，如果是只有情执，没有真正的、理智的爱敬，佛法里有一个名词叫做冤亲债主！不是孝子贤孙。所以能把这个爱敬存心从父母这里先养成了，对待任何人都用爱敬存心，那这个人也就是圣人了！

我们看到我们中国国家总理温家宝，他也是一个孝子。我看到一则新闻报道，他在中南海每天只要有时间，就回家里跟他母亲一起吃饭。有一张相片是在“5 · 12”四川大地震发生以后，温总理亲自到地震救灾前线去救援灾民的情景。总理他在去5月12日刚刚听到地震发生以后，就立即赶赴现场，因为他的前往，所以整个四川乃至全国上下都行动起来，全力救灾。他要求所有的人、所有的国民都一致伸出援手，而且他自己带头，真的是日夜为救灾工作而辛劳。我们看到这位总理不正是给我们表现出这种“爱敬尽于事亲，而德教加于百姓，刑于四海”的模范？

虽然讲的这些是天子之孝，只要我们每一个人努力去做，那我们都能够用我们的德行去感化社会，乃至感化万世子孙。我们看到古来的很多圣人，像孔子、孟子、范仲淹，他们都不是天子，而他们的德教确实“加于百姓，刑于四海”，而且为万世开太平。所以我们要有这个信心，知道“天下归仁”的事情全都是我自己本分内的事情。南宋的大儒陆九渊曾经说过，“吾心即是宇宙，宇宙即是吾心”。这位大儒的思想境界很高，他说我的心跟宇宙是一体，跟宇宙都是一体了，当然跟天下更是一体。所以当我心能行孝、行慈、行仁、行让，那么这个天下、世界当然都同归于治。圣贤一切都是反求诸己，要自己去改造世界、和谐世界，不是希望别人去干。

第三章　诸侯章

“诸侯章第三”，我们一起来把它念一遍。

【诸侯章第三。在上不骄，高而不危；制节谨度，满而不溢。高而不危，所以长守贵也；满而不溢，所以长守富也。富贵不离其身，然后能保其社稷，而和其民人。盖诸侯之孝也。《诗》云：“战战兢兢，如临深渊，如履薄冰。”】

这章是记述第二种人，诸侯如何来行孝。诸侯的地位仅次于天子，因为孔老夫子当时是处于周朝末年，周朝有八百诸侯，周天子领辖的土地都分封各种不同的诸侯。实际上诸侯的阶层、位次也有所不同，一般来讲有 5 种：所谓公、侯、伯、子、男，这是按照爵位有分封，这里用诸侯来代表全部这 5 种位次的贵族。每个这种贵族都有他的领地，这个领地叫做国，所以过去天子所辖的地方叫天下，诸侯所辖的地方叫国，大夫所辖的地方叫家，所以家、国、天下是这么分的。

诸侯是列国之君，一国之主，可以说是万人之上，地位可以说是很高的，所以叫做“在上”。“在上”上位的人最关键的是不能够骄慢，一骄慢那处在高位就很危险了，为什么？因为底下的支柱就没有了，好像在一个高楼上面，假如地基不稳，愈高就愈危险。一个上位的人，说老实话，最容易犯的毛病就是骄慢，傲慢心是与生俱来的烦恼，只要有“我”这个念头在，那就有傲慢，傲慢是跑不了的。儒家知道傲慢很难断，所以告诉我们傲不可长，你不要去增长，你要把它控制住；佛家告诉我们，傲必须断，不断傲慢不能够断我执，不断我执不能够得真正的解脱，不能够出三界。所以这里是告诉我们，要控制住自己的傲慢心。

不仅是在万人之上的人容易傲慢，实在讲我们看看自己会不会有傲慢心？是不是有一点小小的才华，有一点点小小的技能，有一点小小的地位或者名声，就生傲慢了？如果有，那这一句也适合我们。不能骄慢，否则就危险了！特别是我们学习和弘扬圣贤教育的老师们，你们肩上所担负的重任，那真是“为往圣继绝学，为万世开太平”。现在社会都非常需要这些圣教的老师，由于紧缺这些老师，物以稀为贵，人也是以稀为贵，大家一出去就成了贵人了，受到尊重。我们自己也都有这样的体会，如果讲课讲得好，往往都会带来欢呼、鲜花、赞叹、供养。这个时候千万不可有骄慢心，要知道自己的不足！哪里能够跟古圣先贤相提并论？这个时候如果有一丝一毫的念头，以为自己还不错，堪为人师了，那就是处“上位”，就变得危险了，那一个跟头栽下来连凡夫都不如，所以古人讲君子到最后变节了还不如小人。所以这些都是我们要极其警惕的，特别是名闻利养现前的时候，不能够不小心谨慎。学习古圣先贤要常生惭愧，惟日不足，即使是你有很高的声望，声望都是跟你的德行相匹配的，面对这些名闻利养现前，更要自己反省、惭愧、忏悔。

下面讲“制节谨度，满而不溢”。“制节谨度”就是讲我们要节约，要过俭朴的生活。谨就是恭谨，要恭恭谨谨的来过日子，不可以奢侈，不可以浪费，不可以骄慢，这样哪怕是你有富贵你也不会溢出来，就是你没有漏洞。往往我们看到那些富贵之人，他骄慢、他奢侈，不可一世，我们冷眼旁观几年他就会倒下去，所以所谓三五年发起来的三五年倒下去，那都是因为这个原因。这里讲的富和贵都要极其的谨慎小心，往往自然界都是这样，月满则亏，谦受益，满招损，水满了它就要溢了。所以我们要时时守着谦卑、守着恭谨、守着节俭，这样的家道才能够长远，只有“高而不危”才能“长守贵也”，你处在贵位、上位，就能够长久。“满而不溢”，虽然家室非常的富裕，但是他不奢侈浪费，还是这样的节俭，才能够“长守富也”。

“富贵不离其身，然后能保其社稷，而和其民人”，一个诸侯，就是他有富贵，他用他的富贵来保全自己的社稷。社稷是什么？古时候一个国家，国君要祭土神和谷神，“社”就是土神，“稷”是谷神，它代表国家，所以用社稷来指代国家。这个国能不能够长久，取决于这个国家领导人是不是能够做到这样的德行。他能够把这种谦逊，把这种节俭的美德行出来，那么他就影响了一国之民，人人都能够守着自己的本分，都不会骄慢、奢侈，互相也能够礼让，这个国家也就和谐了。能够做到这样，这个诸侯的孝道也算是做到不错了，这是诸侯之孝。

底下引用《诗经》的诗文，《孝经》这个体裁很值得我们学习，你看它在议论之后来一段抒情的诗文，夹叙夹议，读了之后非常的赏心悦目，而且这句《诗经》的经文又是画龙点睛，把这一段的主旨为我们点出来了。《诗经》上这一句诗文说：“战战兢兢，如临深渊，如履薄冰”，这是形容戒慎恐惧的样子。一个国家的君主他能够做到这样戒慎恐惧，就像在深渊的边上，或者是在薄冰上走路那样的小心谨慎，生怕失足。用这种心态过日子，人怎么会有过失？这是讲到诸侯之孝。

“诸侯之孝”，我们看了也不能把它推到外面去，如果他还想说，这是专门讲一个国家的君主，跟我无关，这又是搞错了。这里《孝经》每一句经文都跟我们息息相关，我就是诸侯，我读到这一段我就要做诸侯，我就要把诸侯的孝落实，那你读的《孝经》才真正得到受用。所以，一国之主它引申出来，凡是做领导的，不管是什么领导，譬如说一个班的班长，一个家的家长，一个企业的老板，一个学校的校长、老师，统统都是领导。那么这些经文都对我适用，能够把这些孝道落实到我自己身上，那我才能够做到修身齐家，齐家而后治国，治国而后平天下。

我们在这里举一个华人首富李嘉诚的例子。李嘉诚，可以说他也是有富有贵了，“富贵不离其身”，我们先来看看，他何以有这样的富贵？因为李嘉诚也是个孝子，我们从他的传记里面看到，他在小的时候家境贫寒，那时候正是抗日战争期间，他老家在潮州潮汕地区，父母带着他还有他的弟弟妹妹到香港去谋生，可是他的父亲到了香港没有多久就过世了。李嘉诚当时只有14岁，马上就要担负起抚养家庭的重担，他为了帮助母亲和自己的弟弟妹妹，就出外打工做推销员，勤勤恳恳。由于他的努力，很快他就赚到大钱了。当然这个是跟他前生修财布施有关，他过去肯定是修财布施做得很多，所以他通过努力也能够真正赚到很多钱。赚了钱以后他也继续修大布施，这个爱布施的习气也是前生遗留下来的，因为前生就爱布施，这一生他就得财富，得了财富他依然爱布施，所谓取诸社会、还诸社会。所以他把自己的钱创立了一个叫“李嘉诚基金会”，前后捐出77亿元来专门做兴学、医疗、扶贫、文化这些事业。有记者曾经问他：“为什么你现在还要这么努力地工作？你已经是亿万富翁了。”李嘉诚就说：“因为我要帮助更多的人，我要帮助医疗事业，因为我的父亲在我14岁时过世的时候，就是因为没有医疗费、没有很好的医疗设备和技术，所以他过世了，我没有办法挽救他。我父亲死了以后，我也不能再读书了，虽然我很喜欢读书，但是没有这个条件了，所以我现在还要帮助那些贫困的孩子上学。”他能够用感念父母的心来帮助社会，这就是通过爱亲而至于爱民。

他的母亲是一位虔诚的佛教徒，当她知道自己的家乡潮州开元寺在“文革”期间被破坏，她就发心想要修复，叫她的儿子来做这个事情。李嘉诚知道了母亲的这个心愿，就立即慷慨解囊，修复了潮州开元寺。这个寺院我也去过，是座千年古刹，确实也修得很好。在李嘉诚写给这个寺院住持老和尚的信当中，他是这样说的：“本人此次提出对贵寺重建稍尽绵力，缘于家慈信佛多年，体念亲心，思有以略尽人子养志之责。”你看看这一段话虽然语言很朴实，可是我们已经看到一位孝子的心声：养父母之心，养父母之志，母亲所希望做的善事，做儿子的尽力去成就，这就是尽孝。

李嘉诚本人的生活也并不奢侈，也是“制节谨度”。所以我们看到一个富贵的人，他能够一生保持他的家业，甚至他的儿子现在也都成长起来了，我们看到他有他的家风，这个家风就是《孝经》里面讲的“在上不骄，高而不危，制节谨度，满而不溢”，这样才能够保全他的富贵。如果有富贵就奢侈淫逸，那么肯定他的家道很快就要衰落，不仅家业如此，国家亦如此。从历史上我们看到历朝历代开国的皇帝都是那种戒慎恐惧、谨慎小心、仁厚爱民的人，而那个朝代末后的皇帝都是骄奢淫逸、凶残暴力的这些人。所以这些历史都是给我们很好的见证，证明什么？《孝经》所说的是真理。

现在人都非常希望得富贵，得富贵的人都希望保富贵。那怎么得富贵？怎么保富贵？关键要有德，德是因，富贵是果。四书里面的《大学》里面说到“君子先慎乎德”，就是君子首先要修的是德，要想的是修德，不是想财，不是想富贵。它讲“有德此有人，有人此有土，有土此有财，有财此有用。德者，本也；财者，末也。”这是《大学》之道，简简单单几句话，就把你如何得富贵的道理说清楚了。首先要修德，德是根本，财富是枝末，所以德是财之本。

它讲到你有德行了就有人了，为什么？因为人们爱戴你、恭敬你，愿意向你学习，愿意跟你做事，所以你有德就有人了。像李嘉诚他没有学位，十四岁就出来工作，他就是凭这颗孝心，“孝者，德之本”，他有这个德本，所以他为人诚信、厚道，跟他一起工作的很多人都是跟他一辈子，一直到退休，没有跳槽、没有离开他。为什么？因为感佩李嘉诚的德行，所以在他的公司哪怕是最低谷的时候都不忍离他而去，真的跟他同舟共济、患难与共，这是说明有德就有人。

有人此有土，土是什么？资产。李嘉诚是搞房地产的，所以有人此有土还挺恰当，这是什么？你有资产。那么有资产你就能生财富，有土此有财，所以德是本、财是末，我们要抓住这个根本。那我按照这句话的逻辑，也写了几句话，是什么？一个企业以人为本，你有人此有土，有土此有财；而人以德为本，有德此有人；而德以孝为本，孝，德之本也。所以，归根到底还是孝道才是根本。

下个月初山东青岛要召开企业家的一个研讨会，要请我去讲一个如何面对金融危机的问题，大概是知道我以前是学金融的，现在改学传统文化了。我去讲的讲题叫做《金融危机里的省思和出路》，那怎么讲？就用《大学》之道这个逻辑，这是古圣先贤告诉我们要抓住根本，财富那是枝末，特别是在危机当中，更要抓住根本。现在我们的学校教育，包括商学院，它教我们的只是得财富的技巧，那些都是枝末。所以别人问我“你现在辞掉你的金融教授工作，现在教什么？”我说我还是教金融。怎么说？过去是教金融之末，现在是教金融之本。

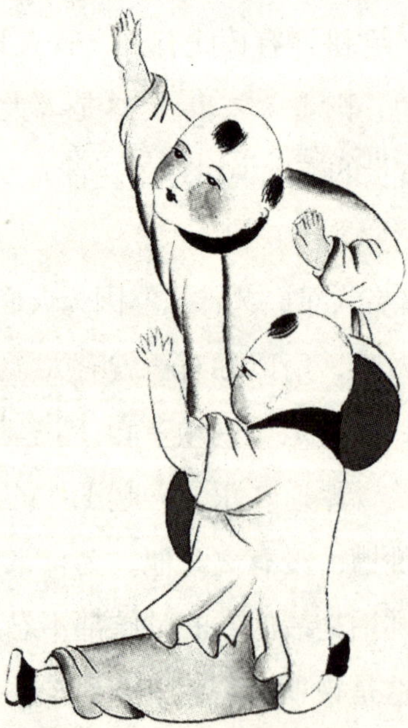

第四章　卿大夫章

“卿大夫章第四”，这是讲第三类人，我们先把这个经文一起念一遍。

【卿大夫章第四。非先王之法服，不敢服；非先王之法言，不敢道；非先王之德行，不敢行。是故，非法不言，非道不行；口无择言，身无择行；言满天下无口过，行满天下无怨恶：三者备矣，然后能守其宗庙。盖卿大夫之孝也。《诗》云：“夙夜匪懈，以事一人。”】

这一段经文告诉我们做“卿大夫”应该如何落实孝道。卿大夫有两种：一种是为天子服务的，这是周朝天子的大夫，就是大臣；一种是为诸侯服务的，一国之大夫，这里都涵盖了。为人臣最重要的是尽忠，所以《孝经》当中体现的一个很主要的精神就是移孝作忠，把家里修成的孝心移到对国家、对人民服务就是尽忠，而能够尽忠这才能够保全自己的家业，才能够更好地对父母尽孝，这是相辅相成的。

这里讲到卿大夫如何做？“非先王之法服，不敢服”。这句话“法服”就是指过去古圣先王所制定的礼服，这个也就是说要我们守礼。在古代有所谓“五服”，五种服饰，所以服装是不能随便穿的。天子要穿天子的服饰，诸侯要穿诸侯的服饰，卿（就是大臣）要穿卿的服饰，大夫有大夫的服饰，士人有士人的服饰。这五等人有五等的服饰，不能混了，混了那就是大不敬。不像现在服装没有统一，随随便便穿，所以就没有那种尊卑的礼法。为人臣的，很重要的就是遵守礼法，所以这里讲的先王所制定的礼服，我们严格地遵照这种服饰来穿着，不是先王制定的礼服，我们不敢去穿，这是讲守礼。

第二句“非先王之法言，不敢道”，“法言”就是如理如法之言。实在讲，符合孝悌忠信礼义廉耻，道德仁义的这一些话我们才敢说；不符合这些标准，不符合礼法仁义道德的话，我们不敢说。你看看这样严格的守法持戒，这是口业，守着我们清净的口业。

“非先王之德行，不敢行”，古圣先王的德行我们去效仿，如果跟这些德行相违背的，我们不敢去做。所以下面讲“非法不言，非道不行”，这是什么意思？就是不是理法，不如理不如法的我们就不说；不符合道的，就是没有道义的行为，我们绝对不做。这正是所谓孔老夫子对颜回说的“四勿”——非礼勿视，非礼勿听，非礼勿言，非礼勿动。能够恪守这样的礼法，这就是古圣先贤所说的“克己复礼”，那么成圣成贤就不远了。

下面又说“口无择言，身无择行”，口没有可选择的话，为什么？因为要说的话古圣先贤都说了，我们不用再去选择了，所说的完完全全跟古圣先贤所说的一模一样，不能别外生枝。所以“口无择言”，口里说的话不用选择了。“身无择行”，身所做的这些行为也不用选择了，全都是按照礼法而行。所以能够这样做，“言满天下无口过，行满天下无怨恶”，身业、口业清净，没有过失。这“言满天下”现在很容易做到，为什么？有网络、有电视，有这么发达的媒体。在美国一个小镇所说的话很快就能够传到中国一个偏僻的小镇里面去，为什么？媒体技术很发达，地球变得愈来愈小了，成为一个地球村。

特别是我们现在要发心弘扬圣贤教育的人，这些教诲对我们就非常非常重要，如果稍微说错一句话，那这个也是“言满天下”，一下子传遍全世界了。你看看，某某人在学习圣贤教育，怎么还说这种话？被人这样一批评一指责，这不是我们自己个人的问题了，那是有关整个中华传统文化弘扬是否顺利的问题。所以，“口无择言，身无择行”对我们相当的重要，我们要认真地学习这些古圣先贤的教诲，才知道话该怎么说，行为该怎么去做，那才能做到“言满天下无口过，行满天下无怨恶”。

我记得曾经有一位学长跟我提过，他说见到我们蔡老师讲课，讲了几年他愈来愈谦卑、愈来愈谨慎了。为什么？因为走这条路、干这一行的，不可以没有戒慎恐惧的心理，真的要像这里所说的“非先王之法言，不敢道，非先王之德行，不敢行”，因为现在这个世界都是这样的，好事不出门，坏事传千里。说错一句话，做出一个不如法的行为，马上流言蜚语就传遍全世界了。特别是像我们蔡老师那样，已经是名满全球了，所以自然就会有这种戒慎恐惧的心理。我们自己也要修养这样的品德、素质，以备天下、国家之用，等到某一天，我们也能做到“言满天下，行满天下”的时候，那可以很有把握没有口过、没有怨恶，那你教化的效果才强。

而且走我们这条路确实很容易招一些人的怨恶。我昨天晚上去念佛堂听经，听我们师父讲《无量寿经》，他讲到也是很感慨，这一辈子都是在人家的嫉妒当中走过来的。我们走这个圣贤之道，弘扬圣贤教育，师父常跟我们提醒，“你要是讲得好别人会嫉妒你，讲得不好别人会污辱你”。总之，这一生恐怕怨恶要离开是不容易，那怎么办？也要有忍辱的精神，否则你就不要走这条路了。你反正走到哪儿不是人家污辱你，就是人家嫉妒你。如果没有坚定的意志，锲而不舍的精神，遇到挫折能够保持不退心、勇猛精进，那你最后才能够成功。

现代这个社会，道德、仁义已经是岌岌可危了，要把它恢复起来，在座的诸位使命相当的重，而将来要面对的风浪、考验也会相当的多，这是我们师父常常提醒我的。我记得当我把工作辞掉以后，到香港跟我们师父学习讲经，我是在摄影棚里面对摄影机来讲，没有听众。师父说这样好，有听众就会有名闻利养，对着摄影机讲就没有名闻利养，摄影机也没有反应，它不会献花，不会给供养，不会赞叹，这很好。但是他还是这样提醒我，他说："你走这条路，走到最后可能会走投无路了。"这个话都是我们师父自己亲身的感受，他是这样提醒我，而且做个好榜样给我们看，你看这一辈子，这么多的风雨考验，依然是不退心。那我们现在等于是说站在前辈的肩膀上继续行走，我们的心里会更踏实。所以，对自己修身就尤其重要，想要弘扬圣贤文化，修身的内功深厚，你才能够去广渡众生。

所以这里讲到是修我们的"三者备矣"，这三者是讲法服、法言和德行。在佛教里面讲身口意三业，我们都要完备，都要没有任何的缺点，达到纯净纯善，然后才能够成功，这里讲然后能"守其宗庙，盖卿大夫之孝也"。这个"宗庙"在过去是祭祀祖宗的场所，在我们现在来讲，宗庙有它的表法的意义，宗庙代表祖宗之灵位，也就是祖宗的道统我们能不能守？中华文化主流儒释道三家，我们去学习，我们想要把它发扬光大，这才能够守得住。要守，这里讲得很清楚，要遵守礼法，"口无择言，身无择行"，不是古圣先贤的教诲我们不说，不是古圣先贤的德行我们不做。这才能够守得住，那你才是真正的老祖宗的大孝子。这是讲到"卿大夫之孝"，我们自己要直下承当，我们自己要做这里的卿大夫，要守宗庙、守道统。

下面引用《诗经》，经文当中说"夙夜匪懈，以事一人"，"夙"就是早的意思，早上，"夜"是夜晚，早上夜晚都不敢懈怠。为什么？"以事一人"，这个人是代表国君、代表天子，这是卿大夫尽忠职守的一种写照，就是日夜工作不敢懈怠，时时刻刻守着礼法，守着身、口、意三业，做什么？是为天子、为国君负责，这是尽忠，尽忠也是尽孝。这里这个"一人"在我们现在民主时代应该怎么理解？过去的这个一人是一国之君，现在君主变成民主，那么"以事一人"就应该解释成以事百姓、以事万民、以事众生，为一切众生服务。这不就是佛家讲的菩萨修布施行吗？

能够放下自我为众生服务，这就是“夙夜匪懈，以事一人”的意思。当然这个“人”也代表我们的老祖宗，包括伏羲、炎帝、黄帝、尧、舜、禹、汤、文王、武王、周公、孔老夫子、孟子这些古圣先王。那我们怎么样侍奉他们？他们说老实话，也不用我们在旁边日夜侍候着，他们不需要，他们所希望的是我们真正把他们的教诲落实到自己身上，去感化百姓、感化大众，把儒释道的核心，像仁爱、像道义能够普遍地传扬到全世界去，真正利益万民。这些事情我们自己要发心来承担，人要有立志，不是立志当大官、发大财，而是真正立志成圣贤。

在这里我想举一个在中国的一位官员，他做到“夙夜匪懈，以事一人”这个好榜样。这是讲在20世纪80年代和90年代，有一位干部叫孔繁森，他是一位山东人，国家安排他到西藏去服务，西藏是一个贫穷落后而且气候非常恶劣的地方。当他接受了国家的委任，要辞别自己的老母亲，他对自己的老母亲非常的孝顺，离别之前他一边给母亲梳着白发，一边对母亲说：“娘，儿子今天要出远门了，要服从组织的安排。”他妈妈问：“那你要上哪儿？”“我要到一个很远很远的地方，要翻过很多很多重山，过很多很多条河到西藏那边。”“那不去不行吗？”母亲舍不得他离开。孔繁森说：“不行，我们是国家的人，要给国家干事。您在家里由我的太太来照顾您，您自己要多多保重。”辞别母亲之后，他就赶上到西藏的征程。

到了西藏以后，他对于照顾孤寡的老人，照顾那个地方的病人，改良那个地方的经济状况、基础建设都尽心尽力。那个地方往往气温都在零度以下，最低的时候零下40多度，而且每天都会刮7～8级的大风，而就在这样恶劣的环境下，孔繁森在西藏作为一个地委书记，去每一个乡、每一个镇考察，去那里帮助当地干部。在他短短不到两年的时间里面，他跑遍了98个乡镇，走了8万多公里，就是绕了地球两周。

有一次，他去看望一位在养老院的老人，那里的老人因为很冷，手脚都冻得通红，看着老人这样的情形，他非常心痛。老人家的鞋子都穿破了，两只脚冻得通红，孔繁森就把老人的两只脚裹到自己的怀里，用自己的体温为老人家去温暖。有一位老人因为寒冷得了肺病（咳嗽的病），有的痰咳不出来，因为他懂得医道医术，所以他立即把他随身带的塑料管，是他用来做听诊的听诊器那个塑料管拔下来，一头插在这个老人的嘴里面，另一头放在自己嘴里，把他的痰吸出来。有一次，在寒冷的雪原上面见到有一位牧羊的老妇人，身体冻得发抖，他也立即把自己身上的棉袄脱下来给她裹上。对待藏民真的像对待自己的老母亲一样去尽孝，但是因为他鞠躬尽瘁，所以身体也是非常疲惫，后来就得了病。再后来有一次出外工作的时候，由于车祸他就离开了人世。当时中央为了悼念这位鞠躬尽瘁死而后已的官员，特别给他封为“现代的焦裕禄”。焦裕禄，大概从国内来的人都知道，那在以前是非常有名的一位官员，也是鞠躬尽瘁的中共党员，为人民服务。

在他走了以后，人们收拾他遗留下来的东西，发现他竟然只留下一两件都缝缝补补的大衣，打了很多的补丁。他身边常常带着一个针线包，衣服破了他就自己补。整个财产，除了一个袖珍收音机、简单的几件换洗的衣服以外，只有 8 元 6 角钱人民币，就是这样一位官员所留下来的财产。在他的追悼会上，当时有 2000 多名藏民去参加，都深切地悼念这位父母官。所以我们就看到《孝经》在现代也有不少的难能可贵的官员在落实，夙夜匪懈，以事万民，早起晚睡、鞠躬尽瘁、死而后已。

第五章　士章

我们把经文来念一遍。

【士章第五。资于事父以事母，而爱同；资于事父以事君，而敬同。故母取其爱，而君取其敬，兼之者父也。故以孝事君则忠，以敬事长则顺。忠顺不失，以事其上，然后能保其禄位，而守其祭祀。盖士之孝也。《诗》云："夙兴夜寐，无忝尔所生。"】

《士章》就是记录第四种人的孝道，是"士人"。"士人"，我们用现代的话来讲是读书人，称为士，就是他有文化。这种人，他进可以为国家服务，在过去读书人往往会考取功名，去当官，为国家、为人民去服务；退，他也能够在自己的乡里教教书，把古圣先贤的教诲去传给下一代，能够帮助改造社会风气。所以，这些人往往都能得到社会的尊重。

过去所谓士、农、工、商四个阶层，士摆在第一位，古人讲的"万般皆下品，唯有读书高"，读书人备受大家的尊敬，为什么？因为他有这种清高的品德。孟子所谓的"有恒心而无恒产者（原句为：无恒产而有恒心者）"，虽然他家里没有恒产，但是他有恒心，他能真正有学习作君子、作圣贤的心。现在社会我们看到往往跟过去都颠倒的现象，过去是士农工商，士摆在第一位，商摆在最后一位；现在倒过来了，有钱的摆在第一，商人往往是第一，士都已经是最后了。

何谓“士”？能够称为士也是不简单的。我想用《论语》里面有一段文来解释“士”，因为大家都是学习古圣先王教诲，都是读书人，那看看我能不能称为“士”？过去孔老夫子的弟子子贡曾经问，子贡问曰：“何如斯可谓之士矣？”什么人才能称为士？孔老夫子回答说，子曰：“行己有耻，使于四方，不辱君命，可谓士矣。”这是讲什么？行是行为，这个是有道德的，自己的行为有道德，能够知耻，你看八德里面孝悌忠信礼义廉耻，它这里把耻字提出来了，说明什么？读书人关键要有个耻心。特别是做老师的，为人师表，这个耻心就很重要，如果行而无耻，这个人不堪为人师。能够得到耻心，进能成为圣贤，退也不失为君子。他说“使于四方，不辱君命”，就是当他接受国家的任务，他去出使不会给国家丢面子，“君”不只包括我们国家的领导，“君”也包括我们的长辈、我们的师长，都可以作为“君”字来讲，所以在外面会不会丢自己父母的面子？会不会丢自己老师的面子？能够不辱亲命、不辱师命，这种人才能称为士人。

我们在这里学习传统文化，如果有人问你“你跟谁学的？”“我们是跟净空老教授学的。”“你怎么学得这样子？”你看别人一批评，把你老师都批评了，这就是有辱师门了，那自己就变得无耻了。所以耻心很重要，没有耻心与禽兽何异？要真正达到这个标准，德行要相当的完备才行。子贡听到这句话，可能心里觉得太高了，可能他自己觉得自己还是个士人，他这一听好像有点达不到了，所以就问：“敢问其次？”那退一步又是怎么讲？孔老夫子又跟他说，曰：“宗族称孝焉，乡党称弟焉。”退一步讲，那你在你的这个宗族里面，你的这个乡里头，人家都称你孝悌，你是个孝子，你兄友弟恭，这个德行也不错了，这种人也称为士人。那我们也要检点，我们能不能做到孝悌？如果做不到孝悌，那士人就没有资格做了，更不要说去做老师了。子贡又问：“敢问其次？”再退一步怎么讲？好像子贡很替我们说话，做不到再下一层，孔老夫子说：“言必信，行必果，硁硁然小人哉！抑亦可以为次矣。”这个是说，第三等的士人“言必信，行必果”，这是说，你说话要有诚信，你做事要坚决，不能够知而不为。譬如说，我们学习了传统文化，学了就要真干，这是“行必果”，干了就要出成绩。那这种人“硁硁然”，硁硁然是形容石头碰撞时发出的声音，表示什么？不改变的意思。你能够矢志不渝、锲而不舍，不改变，这还能算得上“小人哉”。这个小人不是我们说“君子小人”那个小人，这种小人是什么？他虽然没有办法干大事，但是他也能够做到对自己“行己有耻”，能够谨守道德仁义，也不失为一个士人。孔老夫子讲了这三个层次的士人，我们够哪一个标准？假如还不够那要赶紧努力，要不然连士人都当不上了。

我们继续来看《孝经 · 士章第五》，刚才我们解释了章题“士”字，用《论语》当中这一段话，来认识什么是真正的士人。孔老夫子的标准还是满高的，即使是第三等的士人，也是有一种坚持真理锲而不舍的精神。不能够兼善天下，至少也能够独善其身的人，这个人称为士才够格。现在兼善天下和独善其身，能够很巧妙的合成一体，像我们师父安排末学走这条路，他是让我在摄影棚里面来习讲。这习讲本身是教学相长，自己通过学习，我在这两年多来，已经在摄影棚里面录了有近800小时讲演的内容，讲了有70多个专题，每学一个课目，确实自己就有一定的进步。

我儒、释、道的经典，基础的经典都讲，譬如说《弟子规》、《孝经》、《了凡四训》，道家的《太上感应篇》、《文昌帝君阴骘文》、《文昌帝君元旦劝孝文》，还有像佛家的《地藏经》、《十善业道经》、《中峰三时系念》，现在在讲“三十七道品”，接下来师父给我的任务，是把“四书”讲一遍。这两年多在摄影棚里面习讲，这是独善其身。但是通过网络，在网上与很多看不到的听众、很多同学一起来学习，这是兼善天下。这个好，面前没有听众，远离名闻利养，但是有缘的人大家可以一起来学习。所以末学这次之所以来古晋，也是有好长一段时间没有对大众来讲课，回去以后还是在摄影棚里面继续习讲。这是师父的慈命，命令我过来，所以也是给我一次偶尔让我出山的机会，看看我会不会见到境界有动心？所以读书真的是很快乐的。独善其身又可兼善天下，这是更加令人快乐。所以我们读这一段的经文《士章》，如何来把士的孝能够落实到我们自己的生活行为中，这就是“学而时习之，不亦说乎”。我们来看经文：

【资于事父以事母，而爱同。】

这是讲到用对父亲的那一份爱心，来对待母亲，这里讲到母亲着重一个“爱”字。

【资于事父以事君，而敬同。】

用侍奉父亲的那份心去侍奉自己的领导，一样的恭敬，所以对君而言，着重在一个“敬”字，所以：

【故母取其爱，而君取其敬。】

父亲兼有爱与敬于一身。我们看到在古时候有一位孝子，他很好地把侍母敬爱、事君至敬结合于一身。唐朝有一位叫崔沔的孝子，他的母亲患了眼病，他不惜倾家荡产到处为他母亲求医治疗，侍奉自己的母亲三十年，极其尽孝，甚至晚上在母亲床旁边都不解衣帽，随时听候自己母亲的召唤。每逢过年过节，他都召集自己家里的亲人，一起来到母亲这里承欢膝下，让母亲开心。很可惜他母亲的眼病最后不治，双目失明。可是崔沔依然是尽心竭力的来照顾他的母亲，而且每逢遇到良辰美景，都让母亲去享受这种欢乐。虽然看不到外面的景象，但是崔沔都把这些景象描述给母亲听，亲人在旁边也是有说有笑，往往母亲就忘却了失明的痛苦。后来母亲去世了，崔沔非常伤心，为了祭祀母亲，他发心为母亲终生吃素。后来他做官，官也做到了很大，收入当然也比较丰厚，他照顾自己的哥哥、姐姐、侄子、外甥都非常的尽心。他说，如果母亲在世的时候，看到这些哥哥姐姐的孩子，她也一定会尽心尽力地照顾他们，所以我现在是代替自己的母亲来照顾他们。所以“事死者，如事生”。崔沔官做到了中书侍郎，侍郎，我们现在讲是副部级干部，很高位，他的儿子也成为了贤明的宰相，所以我们真正看到“善有善报，恶有恶报”，“积善之家必有余庆”，一个真正行善积德，能够孝悌传家的人，家里人必定有好报。崔沔能够对母亲尽爱，爱是关怀照顾，对朝廷，对皇帝也能尽忠职守，所以爱敬都做得很好。古人让我们事父亲皆有爱和敬，因为父母，父亲的角色比较特别，他是一家之长，是生我们的人，就如同自己的母亲，所以我们要爱他，同时他是一家之长，就像领导一样，我们要敬他。

在古代，在一个家族里面，一家之长，就好像一个朝廷的天子一样。所以一个家里，他的家道很严格，而且很有秩序，家风严谨，这个家都能兴旺。这都是教我们爱，教我们敬。作为士人，读书人，就是有一定才华、有一定能力的人，你要随时做好准备，以备天下国家之用，如果有这样的一个因缘能够出来服务，那就要忠君报国。所以这里讲到：

【故以孝事君则忠，以敬事长则顺。】

对于自己的领导要尽忠，这个忠心和孝心是一个心，不是两个心，没有说对领导尽忠，对家里的父母不尽孝的道理。如果一个人对领导毕恭毕敬，好像很忠诚，但是对他的父母不孝，　这种忠诚是值得怀疑的。你要想想他是什么动机，他为什么对自己的领导，这么毕恭毕敬，点头哈腰，阿谀奉承，有利可图嘛！对他父母，父母已经老了，没利可图了，就不孝了！所以那个忠不是真正的忠。建立在孝心基础上的忠诚，那才是真正的忠诚。所以古人选拔干部、选拔人才，那叫“举孝廉”，用两个德行的标准，是什么？一个是孝，一个是廉。能够孝顺父母的人，他必定是能够忠于领导、忠于国家；一个廉洁的人，他必定不会贪污、不会腐败堕落。所以孝廉是古代挑选官员、选拔录用的标准，太有道理了。

现在每个国家都在做公务员的选拔考核，有没有用孝廉作为标准？真正让这个国家长治久安，国家政府官员的素质非常重要。这里的士，也即现在我们讲的公务员，拿国家薪金，那他们的素质，第一就应该注重孝廉，他在家里孝顺，就能移孝作忠，以他的孝心奉事君长，奉侍自己的领导，他就叫做忠。这个心是一味的，他不会有二心，二心是假心，一心才是真心。所以孝和忠是一不是二。“以敬事长则顺”。用恭敬自己父母这样的心对待自己的长上，自己的长辈，他自然做出来就是孝顺的样子。所以我们看一个学生，在家里对父母孝敬的，在学校必定也是恭敬老师，这个人通常都是学得好的同学，为什么？因为他恭敬老师，就是他对这门学问恭敬，人有恭敬心，学什么都学得好，人如果放逸懈怠，没有恭敬之心，学什么都学不成。这点我特别有感触，因为我曾经在美国、在澳洲、在中国都教过书。在美国的时候，我们大学老师上台讲课，往往会发现班上学习成绩最好的同学是中国同学，中国的留学生。后来我就想，难道中国同学的智商真的比美国同学智商要高吗？不见得，发现美国同学很多是很聪明的，点子很多很有创意，往往都是美国人，中国人反而显得会笨拙一点，但是中国学生学习成绩却特别好，我一想就通了，为什么？你看看那些美国的孩子上课，一手拿着可乐，一手拿着汉堡，坐在凳子上，两只脚一翘，搭到前面的椅背上，这样听课，不像是读书人的样子，那他怎么能学到东西？所以诚乎中而形于外，你内心是什么样的，自然表现外面是什么样的样子，瞒不了人。你再看看那些中国留学生，真的是有中华传统文化有点底蕴，还没有完全被破坏掉，还剩那么一点，所以同学们对老师还有那种恭敬心，这就是我们中国留学生学习优秀的秘诀。一个人只要能够恭敬他的事业，就能够成功。所以：

【忠顺不失，以事其上，然后能保其禄位，而守其祭祀。盖士之孝也。】

这个“忠顺”，“忠”是心里面中正，心上有中字，这是中正的意思，不偏不倚；“顺”就是一种恭敬，表现在外面就是顺承，就是我们讲的听话，学生能听老师的话，这就是好学生，下属能听领导的话，这就是好下属。那忠、顺都能够不失，有这样的品德来侍奉他的领导，也就是他去工作，去服务，那自然就是一个优秀的人，就是一个令领导喜爱的人。他自然就能够“保其禄位”，这个禄位就是工作、薪水，就能够得到保持。

前两个月，跟我们师父上人回到澳洲参加会议，在昆士兰大学，以前我的这些学生，有读博士的、有读硕士的、有已经毕业工作的，他们都来找我，请我去吃饭。其中有一位学生，是以前读过我MBA课的，在一家公司里做财务工作，他说学了《弟子规》，学了传统文化，有了好处，为什么？现在金融危机，他没有被炒鱿鱼。我说那你的能力还是满不错的，他说不是能力的问题，是因为我们的老板还是满喜欢我，因为我比较听话。所以，“忠顺不失”，才能够“保其禄位”。

确实，如果你要做领导，是不是喜欢一个听话的人，你要做老师，是不是也喜欢一个听话的学生。假如你有两个学生，一个很听话，但是智商比较低一点，一个不听话，但是智商很高，聪明，鬼点子特别多，那你会要哪一个学生？要是我，我肯定是选择那个听话的学生，为什么？好教！那个不听话的，再加上他很聪明，自己点子很多，他就不能听你的，他就不能够接受你的教诲，见到这种人那就要笑笑，他自己都已经有自己的一套，你何必花这个心思去教，白费力气！所以他永远就活在他自己的境界里面，不能提升！在佛法里讲，他就不是个法器了，他的杯子里头都装满水了，你再往里头倒，倒不进去了，他有自己的一套。一定要把自己的东西倒空了，谦卑下来，老实听话，这个人才能够真正成为法器，才能够真正传承师长的教诲。

所就说我自己，我跟大家也报告过，从小我的姥姥都看出来我资质很差，很笨，那么这30多年，在这个世间，好像在别人看起来也是很成功的，年纪轻轻就当上教授，凭什么？这个秘诀给我舅父说出来了，他在我30岁生日的时候，给我一个贺卡，那时我刚刚受聘为终身制的副教授。我舅父告诉我，他说看你30年来走过的路，都没有什么可取之处，大概只有一条，就是两个字：听话！确实我一想，真的，只有听话这一条。从小听爸爸妈妈的话，妈妈叫我好好读书，我就好好读书，叫我去留学，我就去留学，叫我读博士，我就读博士，叫我当教授，我就当教授，老实听话，没有自己的想法。我跟大家昨天报告过，我19岁的时候，我妈妈给我写了个贺卡，人生总体策划，到现在还在往母亲的策划里头走。我母亲2006年把我送到师父那里，送子拜师，然后跟师父讲，说现在茂森就由您来全权调教，那我现在就听师父话，师父要我往东就东，往西就西，叫我做什么，我就老老实实做。所以师父有一次跟一位同修讲，(这同修把话传给我了)，他也是跟我舅父讲的一样，他说茂森还算听话。所以能够听话的学生，这才是好学生。如果资质又不好、又笨、还不听话，那这人就完了。

所以学习中华传统文化，听话这一条是最重要的素质。你看孔老夫子，他也是最听话的学生。他在《论语》里面讲“述而不作，信而好古”，这就是听话，古圣先贤的这些教诲他完全接受下来，他教化别人也是转述而已，他没有自己的创作，没有创新，完全听话；信而好古，完全相信古圣先贤的教诲，用古人的东西，自己没有，没有自己那一套。这样慢慢把我放下，真正把我放下了，我见放下了、我执放下了，说老实话你这一生绝对能够出三界轮回！因为三界轮回都是执着，这个执着是我执！就是因为执着有个我，有了我就执着我有一套，我的见解、我的做法、我的想法，那就把自己困在了六道轮回当中。所以“忠顺不失”这四个字，真正做圆满了，你都能够出三界，了生死了，何止是“保其禄位，守其祭祀”。当然现前我们的果报就有这么殊胜，禄位得到保全，而且“守其祭祀”，士人在家里祭祀父母，家境比较好的有宗庙，有祠堂，祭祀祖先确实是一个非常重要的活动，它能够弘扬孝道。

我在这里讲《孝经》的这个厅堂，将来要做万姓先祖纪念堂，在这里面讲《孝经》就特别有意义。中国古代就是因为有祭祀的优良传统，所以人人都懂得孝道，人人懂孝道，民风就淳厚。中国历史上下五千年，是安定的时间长，动乱的时间少，长治久安。所以古人讲“慎终追远，民德归厚”，祭祀祖先能够使民风淳厚。我们每一家都有自己家的祖先，想要能够守其祭祀，也就是让自己的家道不衰，代代都有人，那才有祭祀，自己必须有孝敬忠顺之德，你才能够保守你的家业。这是所谓的“士之孝”。

我们看到在去年 5 月 12 日的四川大地震之后，有一位医生，这个医生跟一个医疗队正赶赴现场去救援，因为他们的车没有办法进入到灾区，他们只好在外围停下来，然后靠徒步走到灾区里面去救治。这位医生叫高天君，他是当地一个医疗队队长。为了救人，他们组成所谓尖刀班，就是能够飞速的进入现场来救援，所以他们要爬山越岭，走过地震带，那个地震带的山还在移动，路随时可能被山给夹倒，他们要从这个山涧当中走过，所以是随时都会有危险。这个医疗队，正在满目疮痍的路上行走，突然一不小心，高天君就崴了脚，骨折了，眼看着这些山都在移动，因为余震还有很多，那是很危险的。正在这个危急的关头，高天君跟大家讲，你们赶快去救灾民，不用管我，我就留在这里慢慢地爬，如果是你们救人之后回头看不到我了，那可能我已经牺牲了，假如还能看到我，你们再把我救出去，不要耽误前去执行任务。于是大家含着泪，把高天君安处在一个山旁边一块草地上，然后继续前行去执行任务。高天君就这样慢慢地往外面爬，要爬离这个危险地带。等这些尖刀班把伤员、灾民救出一部分之后，回到了一个安全的镇上，才了解到，原来高天君幸好被另外一个执行任务的医疗队救了出来。我们看到，高天君为了执行任务，在危急的关头，他有没有想自己？他完全是把执行任务，为国救民摆在第一位，这就是忠顺不失。这个不失，不是说我们生活很安逸，我们现在挺安全的，又没什么事，在安定的条件下，做到忠顺不失，这个容易。能够在生命危急关头，还能够做到忠顺不失，这就不容易。所以像这样的人，他自然能保其禄位，所以得到了表彰。那么他的家道，我们可想而知，必定能够把这个忠孝之风传承下来。而他能够大难不死，这又是什么？善有善报，所谓人以忠顺而感，天必定以保守来应，所以能保其禄位，而守其祭祀。这都是里面有因必有果！所以我们讲《孝经》、讲《弟子规》、讲伦理道德的时候，要跟因果挂起来。“人以善感，天以福应，作之善降之百祥，作不善降之百殃”。善恶的报应如影随形，人能够以善心去做善事，命不该绝，所以他的果报更殊胜，正所谓大难不死必有后福。在大难当中能够临危而不变节，能够做到忠顺不失，他必定有更好的福报。所以把伦理道德教育放在因果里头讲，这样能让人生起欣欣向荣，向往的心，这个很好。

【夙兴夜寐，无忝尔所生。】

这个“夙”刚才讲到是早上，早上一大早就爬起来，干什么？工作，“夜寐”，到很晚才休息，早起晚睡辛勤地工作，为的是什么？“无忝尔所生”。这个“忝”是辱的意思，就是不要侮辱自己的所生，“所生”是代表父母。我们是父母所生，不要让父母蒙羞。所以一个人不能够尽忠职守，他就不能够让父母安心。如果一个人不仅不能够尽忠，反而做工作有贪荣之心，贪慕荣华富贵去做，贪名利而去做，这样的人不是忠，不忠也不孝，会让父母蒙羞，让父母受到耻辱。因此“夙兴夜寐”，就是起早贪黑，我们的工作目标、目的要纯正，不是为自己享乐，为自己得到荣华、富贵、名利，不是为这个，而是真正为国家、为人民，所谓全心全意为人民服务，这才能够让自己的父母荣耀。这是“士章第五”，我们讲解完了。

第六章　庶人章

下面我们看五孝里面最后一条，“庶人章第六”。庶人就是讲平民百姓，这是第五等人，所谓天子、诸侯、卿大夫、士，这是讲庶人。我们先把这一章经文一起念一遍：

【庶人章第六。用天之道，分地之利，谨身节用，以养父母，此庶人之孝也。故自天子至于庶人，孝无终始，而患不及者，未之有也。】

这一章是讲普通老百姓该如何尽孝的。在古代农耕社会，人口当中农民占多数，所以这里举出农民，他如何来工作，来尽孝，做例子。实在讲这种精神可以通用士、农、工、商，所有的人，所谓百行百业之人都能够适用。“用天之道，分地之利”，这是讲用天时来生养万物，我们知道天有四时变化，春夏秋冬，四时寒暑，春生、夏长、秋收、冬藏，这四时有个规律，不能乱，要依据天时去耕种，这才能够有收成。“分地之利”，这就是用土地来生产，这是我们农耕社会里面最典型的，我们用土地来生产粮食、生产果实、生产蔬菜、生产棉花，进而生产我们的衣服，这都是用地的利益，地提供给我们很大的利益，大地如母亲一样，生养万物给我们用。这是说明我们要懂得用天时用地利，要有健康的知识，科学的知识，这才懂得“用天之道，分地之利”。现在我们的社会已经进入了工业化，甚至是信息化、科学化、电子化时代。这些“用天之道，分地之利”，当然不能够单指农民而言，其实任何人都要懂得天时地利这些知识。就我们本身而言，我们要活出健康来，活出科学来，这就是讲“用天之道，分地之利”，凡是顺应自然的生活，这是最健康、最科学的生活。我们要懂得如何养生，自己懂得养生，这才能够照顾自己的父母，自己都不会照顾自己，怎么可能照顾别人？

我们这次来，这里道场的主人悟仁法师，他下午就带我在周围看了一看，看到道场旁边种了很多的瓜果蔬菜。他很精通，对每一样蔬菜、水果、植物是什么样子的，它的生长规律都非常地了解，而且看到整个道场里面都井井有条，照顾大众，让大众也很心安，我们看了非常赞叹！他自己也懂得一点点医学的常识，能够识别哪些药草有什么功用，还能给人推拿按摩，还能用艾草来给人做熏治，甚至自己还能做针灸。这些说明什么？懂得养生的知识，他才能够照顾人。这个地方很湿，山上雨水多，有不少人可能因为湿气大，会生病。他跟我讲，他在这里常常煮些薏米粥，薏米是祛湿的，山上怎样防潮、防湿，这是一个重点，不懂得自己管好自己的身体，那肯定会生病，湿气重就会生病。你看看吃饭的时候，那个行堂服务的人，他会有辣椒油，这个时候最好能够掺一点到饭里面，因为辣是燥，燥就去湿，所以在山里的人都要吃点辣的，吃点姜，姜是热性的，热就去寒，把身上的寒气、湿气给逼出来，这些都是基本的知识。我们懂得这个知识，才懂得照顾父母。

譬如说饮食，饮食里面都有寒热燥湿的属性不同，有的说是寒热温凉平，有寒的、有热的、有温的、有凉的、有平的，平是不热不寒的那种叫平，每一样食品我们都要懂得它的属性不同。譬如说我们吃素的，素菜寒的多，凉的多，一般的瓜果蔬菜大部分都是凉性的，像我们讲的瓜，冬瓜、西瓜、苦瓜，凡是有这些瓜类的，黄瓜那都是寒性的。水果里面像香蕉，这些都是凉的，像山竹都是寒凉的食品，热性的食品比较少，除了刚才讲的辣椒、姜这是热性的，其他的很少，水果里面像榴莲、荔枝是热性的。寒热都要有一个平衡，平时吃的东西寒的多，就要补充热性的食品。这里讲的是属性的热，不是温度的热，你把西瓜蒸熟了吃，它还是凉的，跟温度无关。中国人讲的这个性，跟外国人讲他可能不懂，这就是中华传统文化，这个我们要了解。像《黄帝内经》里面讲，春夏秋冬如何养生，这些知识我们都要懂得。人的五脏调理，分春夏秋冬，不能一概而论。譬如说春天，春是木旺，肝属木。这五行配五脏，金、木、水、火、土是配五脏的，木对的是肝，金对的是肺，水对的是肾，火对的是心，土对的是脾胃，这金、木、水、火、土它都有个相对应的。春天木旺，你看春天木生长，春天养肝，肝属木，所以养肝要注重熄风，现在是春天，特别是在山上怕风寒风湿，所以晚上睡觉都要把窗户门关上，不要漏风，风侵入，春天就损了肝。损了肝之后，《黄帝内经》里讲，肝如同一个朝廷的大将，它是降服外敌的，防止外邪侵入的大将，肝要是受损了，外邪就很容易侵入，很容易得病。夏天养心，怎么养心？安神！佛法里面讲结夏安居，这很有道理，你这一安居，心神就安定了，这都是很健康的生活。到秋天要养肺，肺属金，这秋天是金的季节，养肺要以生金为主，滋补肺阴，所以吃很多像木瓜这些食品，都能够帮我们调肺、养肺。到冬天，冬天水主令，肾主水，所以冬天养肾，吃补肾的东西，在冬天为宜，这些都是基本的常识，我们要孝养父母，特别是对年纪老的父母，这些不能够忽略。如果不按照四时寒暑来调理身体，那往往得了病自己都不知道。所以“用天之道，分地之利”，我们要懂得如何去落实，努力运用。

还有就是譬如说东南西北的方向不一样，东边属木，西边属金，北方属水，南方属火，土居中，那我们看我们的家住在哪里，我们在哪里出生，什么地方弱，这个方向也很重要。譬如说肝如果弱，肝属木，应该增加木气，在山林当中养肝，你看我们在这里，大家都会觉得眼睛会很亮，为什么？在山林当中，肝开窍于目，眼睛是肝的开窍，五官分别对应着五脏，都是通的，为什么？你在这个山林当中木多，绿色也是养眼睛，养眼睛就是养肝，所以在山林当中你会觉得特别的有精神，眼睛特别的亮，不会疲倦，这都是有道理的。往东走，也是这个木气，因为东属木，所以一个人他往东边走，就是他出生地的东边，这是滋养他的肝和目。往西走，这是金，金是属肺，肺气就比较好，所以这些五行、五方、五脏相互对应，这《黄帝内经》里讲的整个宇宙跟人体是一体，这都是很有道理的。跟佛法讲的都很相通，整个宇宙其实是一体。所以人体是小宇宙，跟外面大宇宙完全是息息相关，必须顺应天时地利，才是最健康的。

这里讲的“谨身节用，以养父母”，这个“谨身节用”，唐玄宗的批注，把这四个字批注得很好，他用这三句话来批注，他说：“身恭谨则远耻辱，用节省则免饥寒，公赋既充则私养不阙。此庶人之孝也。”第一个讲身恭谨就能远耻辱，这就谨身的意思，谨身不仅是说我们生活不要奢侈，不要浪费，要节约，这当然也是属于谨身里面的一条。更重要的讲到，是我们对于自己的品德修养要谨慎，待人处事接物，我们都要抱着恭谨的心，就自然远离耻辱了，耻辱往往都是我们自己放逸，不能够自重自爱，就自己遭耻辱。现在这个社会污染特别重，诱惑又特别多，如果没有恭谨的心，很容易就遭耻辱。一般来讲，败德坏名，甚至是身败名裂，这都是耻辱，让自己父母蒙羞。

我举一个例子，譬如说现在青少年，往往都会受到媒体污染，媒体里面电视节目，更严重的是网络上的污染特别严重，色情暴力的画面特别多。我们要教导自己的儿女，要注重身恭谨，不可以看那些不健康的不良画面，“非礼勿视，非礼勿听”，这个很重要。报纸上就常常都有注销来，那些贪慕网吧的，或者是看那些不健康的画面，往往走入歧途。我曾经听过一个台湾的同修告诉我，他说在台湾他认识的一个男孩子，每天就上网看那些不健康的画面，才 15 岁，结果导致自己身心交瘁，交瘁到最后连走路都没有力气，要爬着走，你就可以想到这种色情网站，对于孩子的摧残有多么严重。报纸上也登过这样的消息，说东北有一个13岁的女初中生，因为上网吧，跟网友交流沟通被骗，结果被骗到一个小旅店里面，遭到四次的强暴，这些触目惊心的案例到处都会发生。根本的原因就是没有注重身恭谨，所以耻辱、祸患就找上门来。这些因果的故事、现报举目皆是。只要稍微留心一点，我们真正就知道，哎呀！不学古圣先贤教诲，那是自己最大的不幸。

“用节省则免饥寒”，这句话对我们现在也是特别的适用，现在的社会，很多人都有一种铺张浪费的习惯，在很多的所谓的自助餐厅里面，常常看到很多人吃的盘子，吃一半就不吃了，就把它倒掉了，所以每天浪费的食品多得惊人。而每天仍然遭受饥寒的人民，确实有很多很多。特别是去年粮食减产，造成粮食的危机，年底又有金融的危机，经济、物质生活受到了严重的影响。有一些贫穷的国家，像报纸上登的海地（这是拉美的一个很穷的国家），因为粮食减产的原因，他们没有粮食吃，很多人被迫吃泥饼。80%的海地的人口他们每天生活费，包括吃喝拉撒，所有的生活费不足两美元，由于食品价格一上涨，他们买不起食品，只好用那些泥，海里头的泥，带着那些腥臊的味道，做成一种饼，就是吃泥。那我们想想，看到这些在饥寒交迫当中的人们，我们怎么能够忍心再去浪费。所以，用只要稍微节省一点，把饭都吃干净；把我们的水节约一点用，譬如说洗澡，如果你是半个小时才洗完的，能不能缩到十五分钟洗完，这就是节省；用电的，平时可以不用电，我们就把电灯关掉，这就是节省。我们能够节省一美元的用度，可能就能够帮助世间有一个人不至于饿死。所以用节省就能够免饥寒。现在用度节省，将来就能够免去饥寒，现在我们铺张浪费，把我们的福都用完了，将来就没有福了，将来饿死的可能就轮到我们了。所以现在节省，多布施帮助世界苦难的众生，自己将来就免去饥寒的痛苦。

第三句，“公赋既充则私养不阙”。公赋就是我们现在讲的税收，向国家缴税这是每一个公民应尽的义务，有所得收入，就要缴所得税，有财产的交易，要缴交易税，这些都要按照国家法律规定来履行义务。其实真正把税缴足了，心安理得。说老实话，人的福报是一定的，而且是愈布施愈有福，绝对不是因为你缴税，布施出去了就没有福了，不可能。我们学了传统文化，对这一点基本的因果常识，我们至少要信得过。

我记得以前在澳洲工作的时候，每年都要缴不少的税，特别我是一个单身的人，收入算是中上水平，所以都是最高的税率加到我们身上，而且减免的项目很少，我一般都没有去考虑太多，因为在澳洲可以直接上网报税，用他的软件直接报就很简单，一般都要缴40%的税。有的同事就跟我讲，说你用网上的那个报税的软件去报税很亏的，为什么？因为很多的项目你可以减免的，你自己不知道，你最好是找一个会计师，帮你去报税，他可以帮你省很多，说不定省上好几千块钱澳币。当时我听了也不以为然，因为什么？既然学了圣贤之道，你得相信因果！《了凡四训》不是告诉我们很清楚吗？一饮一啄都莫非前定，你缴出去的，该是你的，你以后会得到，不该是你的，你现在缴出去，不是很好吗？省得操心。而且如果是用一种不正当的手段去偷税漏税，那就欠债了，欠国家的债，欠一个人的债还好还，欠一个国家的债，整个国家的国民都是我们的债主！那可不得了，有得还，披毛戴角还！所以对于缴税的事情，我就从来都没有过多的去考虑，但是也不会因缴税太多而贫穷，该受用的还是受用。

所以私养不阙，真的，你多布施，其实不要紧，你的福报会更大。你多缴的税，不等于布施给国家、布施给老百姓了吗？我辞掉工作就回到家里，回家之后，因为过去曾经帮我母亲买了一套房子，那我就想到，现在我又没工作了，就把一套房子卖掉作为母亲的生活费，所以就卖了。结果卖的时候，房产经纪人，中介人他跟我建议说，你现在找到一个买主，就可以跟他约好，两个人在写合同的时候，房屋的价格可以写低一些，写低一点缴税就可以缴少一点，反正你们俩你知我知就好了，天不知地不知，你知我知就行了，中介这样建议我。当时我说不行，我不能降。他说你这样不降，你这个买主，他觉得价格太贵不肯买，你少缴点税，而税收可以补充下价格，这样你才能够有买主。当时我坚决反对，我给中介的人说，你帮我找买主，第一个条件，就是价格要实报，不可以报低，我们绝对不能欠国家的。结果这中介觉得我这人怎么这么脑筋不通，但是后来我把因果报应的故事跟他一讲，他也就能明白，为什么我会这么做。后来找到一个买主，当然成交的价格我们必须让步，因为他要缴税，但是我们卖了房子也没有亏，比我们以前买的时候还赚了一些，这是真的。其实你不要用那种不正当的手段，去谋财，你也绝对是私养不阙，你不会因此而贫穷。你命中该有的，总是会有，命中不该有的，你用不正当欺骗的手段，谋取来的，那金融危机倒霉的就是你，所以该倒霉的，他总要倒霉。

现在我们看为什么金融危机出现了，因为全世界的人，都用这种所谓借贷来经营。譬如说他有 10 元钱，他不是说 10 元钱的财产，他就用 10 元钱去经营，甚至 10 元钱，在古代是存上 3 元钱，只用 7 元钱去投资。那现在这由于西方的金融的这些理论，讲什么 Financial leverage，就是金融杠杆理论，以 10 元钱作为你的本金去做担保，向银行借贷，借了 100 元钱，用 100 元钱去投资，所以 10 元钱的财产做 100 元钱的生意。还美其名曰“风险管理”，这种杠杆经营，这些完全都是什么？属于什么？用未来钱，用别人的钱，所以金融危机根本原因就出在这里。大家都用别人的钱，用到最后都空起来了，把这个泡沫炒起来了，本来是只有 10 元钱的本，炒作 100 元钱这样的经营，到最后这个泡沫一破裂，大家就苦了。所以得便宜处其实是失便宜，真正甘愿吃亏的人，他就有福，吃亏就是吃福！金融危机对什么人不影响？他有 10 元钱只做 7 元钱生意的人，他不会受影响。那些用 10 元钱做 100 元钱的生意的，他肯定是破产，最后跳楼的都是这些人。所以这里讲到公赋既充，就是不能够偷税漏税，这样心里是正大光明无私，过的日子也特别安稳。在《朱子治家格言》里面有一句话这样说：“国课早完，即囊橐无余，自得至乐”。国课，课是课税，国家该缴的税把它缴完，即囊橐无余，就是口袋里虽然没钱了，可是自得至乐，还是很快乐。为什么？他心里舒坦，他不会有忧患，有顾虑，所以这是讲到庶人之孝。普通老百姓，士、农、工、商，都能够做到谨身节用，来孝养父母，可以说家也就和谐，天下也就太平。

最后经文里面讲“故自天子至于庶人，孝无终始，而患不及者，未之有也”。这是一句总结的话，实际上不属于“庶人章”里面的，它属于对前面五章的总结，从“天子章”到“庶人章”，这五章都讲这五等之孝。这里面归结说什么？“孝无终始”，这个终始怎么解？始于天子，终于庶人，这五等之孝，先讲天子，最后讲庶人，从天子到诸侯、到卿大夫、到士、到庶人都能够行孝。所以孝不分高低贵贱人种，都要行孝，这是孝无终始的意思。如果说只有天子才能行孝，我做庶人就不能行孝，说自己没有能力行孝，“患不及者”，就是担心自己没有能力，这是不可能的。“未之有也”，没有这个道理。换句话说，凡是人都能尽孝，都该尽孝。这是劝勉我们行孝的语句。

这个终始如果引申来讲，可以讲得更深刻。我们昨天讲到“孝始于事亲，中于事君，终于立身”，事亲是开始，孝侍父母，到最终立身行道成圣成贤，这个终始是一贯的，换句话说，把事亲做到圆满，那你也就能做到立身行道，成圣成贤了，所以没有终始之分。《华严经》里面讲“行布不碍圆融，圆融不碍行布”，浅深相近，终始不二，这个意思很深。换句话说，我们不可以小看我们平时给父母做的小事，在这小事里面就体现了圣贤的存心。当然我们也不能满足于小孝，而要把我们的孝心扩展，对一切众生都一样，用对父母的心一样对待，这就是成圣成贤，这才能够真正圆满我们的孝道。所以孝道的含义极其广大，所谓是塞乎天地，横乎四海。这是我们应该学习的。

第七章　三才章

我们首先把经文一起来读一遍：

【三才章第七。曾子曰："甚哉，孝之大也！"子曰："夫孝，天之经也，地之义也，民之行也。天地之经，而民是则之。则天之明，因地之利，以顺天下。是以其教不肃而成，其政不严而治。先王见教之可以化民也，是故先之以博爱。而民莫遗其亲；陈之于德义，而民兴行。先之以敬让，而民不争；导之以礼乐，而民和睦；示之以好恶，而民知禁。《诗》云：'赫赫师尹，民具尔瞻。'"】

这三才章是继"五孝"以后，孔老夫子为我们更进一步的显明孝道的含义。昨天我们谈到第二章到第六章是讲五孝，所谓天子、诸侯、卿大夫、士和庶人，这五等之孝。末后总结里面告诉我们，人不论是在哪一个等级、哪一个阶层，无论高低贵贱，无论是哪一个行业、哪一个种族，实际上都可以行孝，也都理应行孝。所以讲"孝无终始，而患不及者，未之有也"。这个"终始"包括始自天子，终至庶人，当然也包括始于事亲，终于立身。当然终始也包括无量的时间和空间，可见得孝道涵盖范围之广，这一章是继续为我们来显发这里头的义理。这个三才章，《三字经》大家都读过，"三才者，天地人"。这三才就是指天地人。曾子听完夫子讲完五等之孝以后，在这里发出一声赞叹，他说："甚哉，孝之大也！"这是赞叹孝原来这么伟大。它不限尊卑贵贱，不限时空，是一个永恒的真理，是每一个人都应该去落实的德行。所以他这里赞叹"孝之大也"，这个"大"是伟大的意思，不是大小之大，有大有小那个大还不算是真大，真的大是没有大小对待，它是遍法界虚空界，横贯宇宙的一种真理。

夫子在他的称叹以后继续发表议论。"子曰：夫孝天之经也。地之义也。民之行也。"这里为我们讲出天地人三才。天地人三才，这个德能可以用孝一个字就总而贯之。他说"天之经"，经就代表恒常的意思，天的德是恒常。我们看到日月星辰，这里面的天象，你看它是永恒的运作，在五千年前，尧舜时代，日月都是东起西落，五千年后的今天还是东起西落，是亘古不变的。举这种德能来赞叹孝，它是一种常德，永恒不变的常德。"地之义"，"义"是讲义务，大地它只讲义务，不讲权力的。现在民主社会里面人总是在叫人权，你看大地它没有说地权，它只是说地义，"地之义"。大地是什么？负载荷担万物，而不会跟我们谈任何条件，它那种无限的包容，平等的负载，不分好丑贵贱，一样的去荷担，这就是地之义。

人能够将天之经，天的常德，和地的这种义务，也能够做出来，这种行为就称为孝行。当然首先从我们父母做起，我们对待父母，也要像天一样，这样恒常的孝敬。对待我们的父母，也要像大地那样，不管父母是好还是不好，是健康还是不健康，是爱我们还是不爱我们，我们都要承担起孝道的这个义务，这就是效法天地！这种人才配得上跟天地合称为三才。

我们在山东电视台看到这个"天下父母"的一个节目，这里面报导的一位叫王希海的孝子，他是大连人。这位孝子 23 岁的时候，他的父亲就患病了，成为了植物人，全身不能动弹，真的就像一个活死人一样，躺在床上。当时王希海有很好的出国工作的机会，当时他可以去马来西亚，但是他放弃了这个工作，为什么？因为他觉得如果抛弃了父亲，自己挣再多的钱，也都是心中有愧。当时他的父亲还不到60岁，他当时就想到一定要侍候在他父亲身旁，只要父亲活着，他就不离开，而且他发愿一定要帮助父亲过80岁的生日。这个心发出来以后，他真干，每天他就是为父亲做所有的工作，煮饭、喂饭、洗衣服、换衣服、换床单。他这一天的工作是什么样的？早上5点就起来做早饭，6点多就给他父亲喂早饭，8点到10点洗衣服，10点到11点，给父亲按摩，到下午1点到2点，继续做午饭和给父亲喂午饭，然后到3点钟把父亲抱出去晒太阳，给父亲按摩。有时候父亲喉咙里有痰，他就用一条试管，用自己的嘴把父亲嘴里的痰吸出来。下午5点钟又给父亲喂水喝，到6点钟开始洗父亲用过的床单尿布和衣服等，然后是做一家人的晚饭，吃完晚饭以后，到晚上11点钟，再给父亲按摩一次，到深夜的时候，还起来给父亲盖被。这就是王希海非常有规律的一天的生活，这种规律的生活重复了多长时间？25年，这25年当中，他重复着同样的动作，细心地照顾他父亲。等到20多年以后，有一天他背着父亲上医院检查身体，有一位老教授（老医生）看到他父亲身上竟然皮肤完好，一点皮肤病都没有，听到王希海说他已经是20多年的植物人，老医生不相信，怎么可能躺在床上20多年，皮肤连一点问题都没有。当这位老医生详细地看了他父亲的病历，厚厚的一尺多高的病历之后，流着眼泪跟王希海说，我真是想不到，你这20多年照顾你父亲，能够把他的身体照顾得这么好，你护理的技能，足可以给我们医科大学的学生讲课。在照顾父亲这当中确实也有不少的诱惑，不少的机会，譬如说工作的机会，找对象的机会，但是王希海为了自己的父亲，都一一拒绝了。因为自己要24小时陪伴和照顾父亲，他只能靠社会救济金来维持生活。曾经有一位做生意的女子，家里还满有钱的，向他表达心愿，看到他这么有德行，愿意嫁给他，而且家里很有钱，可以给他买一套洋房，给他买汽车，但是王希海仍然是婉言谢绝了。他说他现在没有工夫去谈对象，没有任何的时间去打这个闲岔，他要把全部的精力放在他父亲的身上。

25 年来王希海为他父亲这样的奉献，真的让我们看到《孝经》这句话“天之经也，地之义也，民之行也”，王希海做到了。这种孝德是恒常，25 年如一日，这个义务是完全无私的奉献，毫不为己只有为自己的父亲。所以这样的人才能够堪称与天地并列为三才。

所以经文这里讲“天地之经，而民是则之”。天地的常德就是孝德，人能行孝，他就是在行天地之德。这个德也就是爱，天地是大爱，无私的爱。这个爱不是我们一般讲的男女之爱，那是情爱，是有私心、有欲望的爱，那不是大爱。彻底把自己的私心、欲望放下，完全为别人，完全为父母、为众生，这就是效法天地，“民是则之”的“则”就是法则，效法的意思。

下来经文又说“则天之明，因地之利，以顺天下。是以其教不肃而成，其政不严而治”。这个“则”刚才讲了法则，“因”就是依靠、凭借的意思，效法天地长明。你看天上的太阳天天都出来，月亮晚上也能照亮行人，昨天晚上的月色特别美，大家有没有看到？所以天地是长明，天天都出来，没有一天缺席的。像王希海照顾他的父亲，天天如是，没有一天缺席，没有一天旷工，这就是“则天之明”。“因地之利”，大地长利众生，也是无私地奉献，不图回报。王希海这样照顾他的父亲，也没有任何的回报，但是他就是这样做，因为这是义务，这是本分。

所以能够如此行去，必定使天下人感动。这是顺天下人心，为什么？因为人人本性当中都具备孝德，人之初性本善，这是自性本有的性德，人皆有之。只是有的人把这个德彰显出来了，有的人这种德不能够彰显，被覆盖住。被什么覆盖？被自私、被欲望覆盖了。可是虽然覆盖了，但是当他看到有人在行孝，他也能感动，让他自性当中的性德也受到了激荡，也能够忽然之间透发出来。我们一般讲，良心发现了，这个良心就是本善，把本善发现出来了。所以我们如果能够行孝，就是顺人心，让人看了之后为之感动，为之奋发。

圣人教化百姓，首先是自己做到，而且他所做的完全随顺自性的性德，因此他的教化“不肃而成”，不用很严肃自然就能够令大家信服，令大家遵从。治理国家的舜王，他也不用很严肃的法律，不必花脑筋想这么多规章法治，自然就能够让国家太平，这个“治”就是安定太平的意思。所以和谐社会，和谐世界，用教育的效果比用法律的效果好得多！用教育，身教又重于言教，我们自己做出来了，自然你所说的、所讲的令大家信服。

譬如说我们现在立志要推动圣贤教育，这个推动的效果好不好？完全取决于我们自己能不能把这些圣贤教育落实，我们自己把《弟子规》做到了，那我们去教《弟子规》，自然也就是其教不肃而成，你所讲的感化的能力必定很强。像我们师父常常给我们讲，鼓励我们向庐江文化教育中心的老师们学习，他们为什么能够把汤池小镇的48000人口在这么短的时间里面，就把这些人民教好，把社会风气改善，原因就是在于老师自己本身做到了。那现在我们看到马来西亚也成立庐江文化教育中心，我们衷心地希望这种正己而后化人的风气，能够在此地传下来、发扬下去，真正在这里做到了，马来西亚的社会必定也是不严而治。

下面一段说“先王见教之可以化民也”。先王是古圣先王，他们有智慧，看到什么？教化、教育的力量能够帮助社会和谐，感化人民最好就是用教育。我们看到这一句，又看到庐江汤池镇的成就，我们有十足的信心，确实人民是可以教化好的，用教育可以让人断恶修善、破迷开悟，从而离苦得乐，社会和谐。《礼记·学记》里面讲“建国君民，教学为先”。所以古圣先王治理天下用什么？就用教育，而这个教育最重要的是自己先要做到，不是言教而已，重在身教。所以底下教导我们如何进行身教。“是故先之以博爱，而民莫遗其亲”，这是古圣先王他自己有博爱的心，把博爱的行为做出来，大家看到之后都感动，都受到他的感化，所以他自然而然就不会遗弃自己的父母，你看别人对我们都这么爱，我们对父母能不爱吗？

像汤池镇的教学，我们这些老师是怎么样教孝道的？他们到乡村镇民的家里，把这个孝道表演出来给他们看，帮助老人洗脚、捶背、剪指甲、打扫卫生，无微不至地去关怀，让这些家里的孩子们看了之后都感动，老师们能够这样的博爱，他们不光是对自己的父母都能够这样爱，那难道我对自己的父母就不能够拿出孝心孝行出来吗？所以孝道很快就在汤池镇蔚然成风。所以我们看到“先之以博爱”的重要！这个博爱是我们要去做，要去表演，而且这里说先，要先去做，不能等别人做，自己直下承担，我要去做，我去做了，别人才能做，我都不做，你希望别人干那是很难的，不仅要做还要说。下面讲：

“陈之于德义，而民兴行。”“陈”就是陈说，像汤池的老师们，每一个礼拜下乡讲课，在田间、在野外、在农民家的院子里，摆几个凳子就开始教，教什么？教德义，道德仁义，整部《弟子规》就讲的道德仁义。这个不仅要去表演，还要去给大家说明，为人演说，那自然就使人民本善的心发现出来了。“而民兴行”，他也就跟着做，他也行动起来了，为什么？因为人人本有好善好德之心！就是没人去启发他，只要有人去启发他，他就必定能够行动起来。我们在海南省看到海口监狱，也有中心的老师们去监狱里面讲课，竟然都能够把这些服刑人员的良知、善心启发出来。通常我们讲监狱里的囚犯，道德品行比一般人要差，这些差的人，我们说德行差的人居然能够这么快的转变过来，证明什么？人都有本善，他犯了罪是他一时糊涂，但是他的本性、本善没有改变，只要你为他演出博爱，陈说德义，他这个本善之心就能显发。我们要做，要真诚的去做，如果不能真诚的去做，就很难有感动力，这里的真诚是什么？“但问耕耘，不问收获”，不能说怎么我给他表演了那么久，他还不行，也不动作一下，你有这个心，诚还不够！所以我们只是努力，不问结果，这个感应就不可思议。下面讲：

“先之以敬让，而民不争”。一个国君，君王能够以敬让，他能修敬、修让，那么这个国家的人民也会学得礼让不争。所以我们要看一个国家是不是能够和谐，人民互相礼让，我们看这个领导人就知道。如果这个领导人有礼让之风，他是个谦谦君子，不是那种很强势、手法很激烈的领导，我们就知道这个国家的人民也必定是很和谐、很谦让。

领导我们说是君，其实这句经文对我们每一个人都适用，不光是指对国家领导而言，要想到我一个人能够修敬、修让，就能够感化我身边的人，如果你的德行深厚，你感化的这个层面就广。我们看到我们的恩师净空老法师，他这一生可以说就是修敬、修让，对人对事对物都恭敬，不管是什么人，他都是以礼相待，绝对不会有一丝一毫不敬的心和行为。我记得在10年前，我到新加坡去拜访我们师父上人，他一个很小的动作令我印象很深。我跟他一起坐着，大家喝茶、聊天，他旁边放着一张纸巾，他拿起来擦擦嘴之后，他把它很恭恭敬敬地叠好，叠得非常的整齐，然后恭恭敬敬地放在旁边，一会儿他又把它拿起来又擦一下，又把它恭恭敬敬地叠好。你看就这样简单的动作，我们看到老人家对一张纸巾都这样恭敬，真是敬人敬事敬物，这种恭敬心它是一味的，这是真心。

如果说对某人恭敬，对另外的人又不恭敬，有人在的时候我们恭敬，没人在的时候自己就放逸，这就不是真正的敬。孔老夫子讲过“修己以敬”，真正修身的功夫从哪里下手，就从敬下手，一切恭敬。佛法里面《普贤行愿品》第一条就是礼敬诸佛，这个诸佛代表过去、现在、未来诸佛，包括有情众生和无情众生，人和事物都包括。真正修己以敬，才能够真正达到“修己以安人”！安人就是让社会安定，别人看到了他就会受感化，再最后“修己以安百姓”，百姓都安了，社会都和谐了，就是这里讲的，“先之以敬让，而民不争”，这就安百姓。像尧像舜这样的大圣大贤，都是从这里下的功夫，把这些功夫做到家了，自然就能够安百姓。敬的人一定是让，对人恭敬当然他就会礼让，绝对没有争的念头。我们现在的社会里面都讲竞争，竞争这个念头很麻烦。你看大家都争利，孟子说“上下交征利，而国危矣”。现在是举世交征利，其世危矣，咱们地球危矣！今天的灾难都是争来的。这个气候的变暖，温室效应，都是工业时代的竞争，盲目的发展工业，导致这些污染。所以能够放下争的念头，才能够回归到自然、回归到和谐。竞争升级就成了斗争，斗争升级就变成战争，现在的战争那可不是开玩笑，原子弹、生化武器一用，全世界毁灭。所以竞争到最后就是死路一条，同归于尽。中国古代圣贤早就讲敬让。下面讲：

“导之以礼乐，而民和睦”。这个“导”就是引导，礼可以治身，乐可以正心，所以儒家讲求用礼乐，来修养自己。这个礼和乐就非常重要，如果用的礼和乐不恰当，那就把自己引导到错误的方向去了。我们现在看到社会动乱，实际上就是因为礼乐出了问题，所以人民就不能和睦。你看礼，现在都没有真正的礼节，说婚礼、丧礼、祭礼，那是古代最重视的礼节，现在统统不讲求。婚礼，有的人用中国古代的礼，有的人用西洋的礼，或者是来一个拼凑，东抓一块西抓一块，根本没有礼。乐现在更加谈不上了，这个乐是什么？能够帮我们修身养性，这是真正的艺术。看看我们现在的媒体里面是什么样的艺术，如果播的都是杀、盗、淫、妄的艺术，那社会肯定就大乱。所以艺术要让人生起向往道德、仁义，这样的艺术才是好艺术，这个引导就很重要。现在媒体非常的发达，国家政府如果能够积极引导媒体，去播放报导那些正面的东西，必定能够给社会带来和谐太平。

2003 年，我跟师父第一次到印度尼西亚，这是印度尼西亚的副总统亲自邀请的，所以我们一下飞机就由总统府的这些官员接待我们，走国宾通道，坐上总统府派来的车，从机场一直警车开道，一直开到总统府，跟副总统见了面。副总统第一句话就向师父请教，说印度尼西亚在 1998 年的金融危机以后，经济一直都上不来，这是第一个问题，第二个问题，社会常常有不安定的因素，这两个问题该怎么解决？师父就跟他讲，这两个问题，其实第一个问题应该摆在第二，第二个问题摆在第一，这个根本的问题出在哪里？社会不安。社会不安，投资者信心不足，所以经济当然就上不去。大家都不敢来投资，你没有投资就没有发展，没有发展，经济怎么能上去？所以治病得治本，先把社会不安的因素给治好。那怎么治？中国老祖宗开了个方子，“建国君民，教学为先”。要用伦理道德的教育，要用因果的教育。印度尼西亚它是一个群岛国家，有一万多个岛屿，其实不是千岛之国，应该叫万岛之国。这种地方最好的方式就是国家利用电台、电视台远程教学，请一些有德行、有学问的老师来讲课，每天播这些正面的道德教育，师父很肯定地告诉他，一年之内社会就安定了，社会一安定，投资者投资信心增加，他来投资经济自然就上去了。所以教学为先是根本！这些建议，我们师父对各国的政府都这么建议。

去年10月师父委派我去参加日本一家世界的佛教大会。当时日本的一家最大的华文报社——“东方时报”的主编和记者来采访我，他跟我讲了不少日本现在华人界出现的状况，令人忧虑，为什么？因为华人大概经济水平比较差，而且，相对日本人而言，犯罪率比较高。所以日本人对华人都不信任，甚至都会害怕，不愿意跟他打交道，甚至有的华人都不敢说自己是华人，跟他们都讲日文，长得都一样，不知道他是不是中国人。我一听都皱眉头，我跟这位主编讲，这个问题不能全怪日本人看不起咱们，圣贤教育，行有不得反求诸己，我们自己的德行是不是能让人敬佩？他就问怎么样能够帮助我们这个社会，改造社会风气，华人的道德教育怎样跟上？我就劝他，我说你们的报纸要负起责任，你们媒体是无冕皇帝。我们师父曾讲，有两种人可以救世，也可以灭世，这两种人一个是国家领导人，一个就是媒体的领导人。我就建议他，说你们这个报纸“东方时报”（他告诉我他是发行量最大的报纸，华人都买他的报纸）如果每天都能够刊载一个栏目，是关于中华传统伦理道德和因果的教育，相信这一年之内，华人的道德风貌就会有明显改变。他听了之后也挺振奋，很难得他真干，回去之后，没过一个月他就告诉我，他说他决定现在每一期报纸都登一个栏目，叫中华德育，他向我要材料。我就把《太上感应篇》汇编的白话故事给他发过去了，那个很厚，就是《积福消灾之道》，我们师父提的，这是印光大师最为推崇的《太上感应篇》。没想到他真的登了，现在已经登了有快半年了，每一期刊物都登，非常难得。另外我们也把我们的《弟子规》、德育故事这些材料也都送给他，让他慢慢去登，告诉他，你没有材料问我要，我这里很多。这是什么？“导之以礼乐，而民和睦”。要想社会安定和谐，必须用媒体把这个社会风气带动起来。下面讲：

“示之以好恶，而民知禁”。这个“示”就是指示，“好恶”，好就是喜欢的，恶就是讨厌的，一个领导他所喜欢的、所讨厌的，他下面的这些下属，都特别的敏感。如果是一个领导，譬如说好吃，这下属都会找很多很多好吃的东西，来奉承你。古代帝王如果是好色，下属就遍寻美女，来供养皇帝，古来我们看了很多，这是什么？你也示之以好恶，这个好恶。先王的好恶是什么？所喜好的都是伦理道德、圣贤的教育，所讨厌的是那些不遵守伦理道德、不仁不义的。你这样的表现，下面的人看到之后，他自然就跟着学了，当然百姓也就知道什么该做什么不该做，“而民知禁”。

所以在上位的人很重要，这上位的人不仅是一国之主，现在讲的总统、主席这些国家领导人。其实每一个团体的领导都是这样，一个企业老板他喜欢什么不喜欢什么，都能够带动下属。所以我们要表现出好善好德，厌恶不善不义的行为，这就是对大众有一个带动作用，有一个影响。特别我们现在从事圣贤教育的老师们，每一个人你们都有影响力，你要带动好社会风气，就要表现出个好样子来，“示之以好恶”。我们可以放下很好的工作，放下很多的机会，而向往什么？修学圣道，这给大家就是一个提醒！我们不要钱，不要利，不要名，我们就是希望这一生能够成圣成贤。这样的人如果多了，社会风气一定会带好。下面引《诗经》一句经文说：

“诗云：赫赫师尹，民具尔瞻”。“赫赫”就是很显赫的样子，这是形容什么？在高位的人，“师尹”是周朝三公之一，所谓太师、太保、太傅，三公。这三公都是皇上的老师，地位极其的显赫，所以人民、百姓都看着他。“尔瞻”，“尔”是你，“瞻”是瞻视，看着你，“具”就是大家一起都看着你，你的一举一动都在人家眼里，看得清清楚楚，怎么能够不小心不谨慎？真的就像前面讲的“非先王之法言，不敢道。非先王之德行，不敢行”。每讲一句话，说之前都要想到这个话该不该说，符不符合圣贤的教诲？每做一件事情都要想到，这件事情符不符合圣贤的教诲？不符合就赶紧停止！要知道说出来了、做出来了，如果误导大众，这个因果可不得了！愈在上位的人愈有名誉，我们讲福报愈大的这种人，他的影响力就愈大。所以这次我跟师父去台湾，师父很有心在台湾把这个因果教育推动起来。

当年印光大师就极力地提倡因果报应的教育。人真能懂得因果，他自然就能够做出孝悌忠信礼义廉耻的伦理道德，伦理道德的教育，应该放在因果里头讲效果更大。譬如说我们讲《弟子规》“入则孝”，最好要怎么说？你要是行孝，你有这个果报。你看看行孝的人，像汉文帝是纯孝，他本来不该当皇帝的，大家都推他做皇帝，孝德的感召；像大舜，他本来只是一个平民百姓，因为他孝顺父母做到极致，结果尧王请他出来，把自己的位置禅让给他，请他作天子。近代的李嘉诚就是因为有孝心，才成为华人首富，都能从因果的角度来讲。

不孝的果报？那就不得了！天打五雷轰啊！真正不得好死，我们看到很多这样的故事，古代有现代也有。所以讲因果的道理，他就对道德理解得更深刻。纯粹讲伦理道德，不讲因果，这可以对上根利智的人管用，这是什么？善根深厚，前生他就是个很有道德仁义的人，他这一生又遇到了，一听马上就觉悟，就依教奉行，这是上根利智，不是普通人。中下根人听了之后，他可能听了当耳边风，更有甚者说你是搞封建，这是什么时代？还讲这些孝悌忠信？我不知道大家有没有遇到这种情况？我就遇到了不少，说你这个是搞复古，现在还学这个，什么时代了？那是中下根人，不仅不能接受还会毁谤。

所以我跟大家讲，你们在座的都是上根利智的人，听到伦理道德，竟然能花这么多时间，甚至奉献出一生来学习，所以是上根利智。但是你不能只渡上根利智的人，那中下根人很多，我看绝不在少数，可能是多数。怎么讲？讲因果管用，他不是自私自利吗？那就告诉他，你想要自利，你必须得做好事、修好德你才能够自利，否则你没办法自利，你还会有报应的。那么他想一想，确实是，他知道有报应他就不敢作恶。印光大师曾讲因果教育能使上根之人能够更加奋发。因为他本来就要去做，现在听到有这么多好处，他更要去做。对中下根人他也有警醒，禁止他们作恶，起这个作用。

因为在台湾政治气候非常的开放，想说什么就说什么，没有关系，所以因果教育可以大张旗鼓地来推动，真正把伦理道德因果结合起来讲，真的会对社会有很大的作用、帮助，使社会和谐。师父讲，在汤池我们做的这个试验，四个月里面，我们就能够用儒家一个根《弟子规》，就能够改良社会风气，有这么好的效果，要是我们用三个根《弟子规》、《太上感应篇》、《十善业道经》一起来干，相信效果会更加的显着。这是讲到我们要推动因果的教育，为这个社会做一个好样子，特别是走上这条路，如果你将来讲得好，备受人尊重。现在什么？讲的人少，出头以后比较容易引人注目，这也是有点像“赫赫师尹，民具尔瞻”。你讲得好的大家敬仰你，肯定都盯着你、看着你，假如一个不小心原形毕露，这就前功尽弃了。这里《孝经》也是提醒我们，特别是担负起教化百姓工作的人，一定要先把自己修好，然后感化的力量就强了。

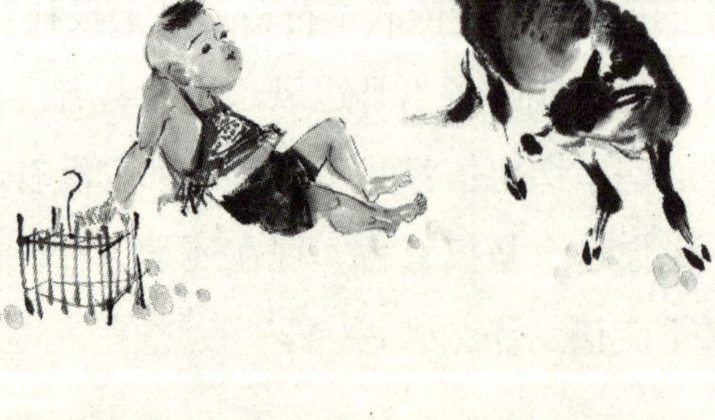

第八章　孝治章

“孝治章”，我们一起把这个经文念一遍：

【孝治章第八。子曰：“昔者明王之以孝治天下也，不敢遗小国之臣，而况于公、侯、伯、子、男乎？故得万国之欢心，以事其先王。治国者，不敢侮于鳏寡，而况于士民乎？故得百姓之欢心，以事其先君。治家者，不敢失于臣妾，而况于妻子乎？故得人之欢心，以事其亲。夫然，故生则亲安之，祭则鬼享之，是以天下和平，灾害不生，祸乱不作。故明王之以孝治天下也如此。《诗》云：‘有觉德行，四国顺之。’”】

这一章夫子为我们陈述明王（就是舜王），如何以孝来治理天下。孔老夫子在这里说“昔者明王之以孝治天下也”。“昔者”是过去，在孔老夫子过去那个时代，这里的明王指的是哪些人？尧舜禹汤文王武王，这些都是圣明的天子，他们来治理天下，这个孝治，“治”古代的音念“持”，就是治理的意思，他用什么治理？用孝道，所以把孝称为先王的治德要道。孝心先从父母这里养成，因为父母是跟我们最亲近的人，也是对我们恩德最大的人，我们先要孝敬他们。但是孝心养成以后，就不能局限于一家，要把它扩展，由家而国，由国而天下，用孝心对待天下万物，对一切人都像对自己父母一样，这样子必定能使天下大治。

国家的领导人，是真正的明王，明是明白，有智慧，有道德的这些领导人，他怎么样？“不敢遗小国之臣”，对待小国家的，这个国是指诸侯国，在周朝天子底下有八百诸侯，诸侯是来朝见天子的，诸侯底下的臣，就是诸侯国里面的那个臣子，又是地位更低的人，而且这是小国的臣，他不是大国的臣，天子对他们都不敢怠慢，“遗”就是遗弃、怠慢的意思。对待小臣、臣民都不敢怠慢，更何况对公、侯、伯、子、男这些诸侯？讲的是五等诸侯，最高的是公，其次是侯，然后是伯，然后是子，然后是男，这五种诸侯的爵位。能够这样去做，自然得到万国欢心，万国是虚指，不是真实的数目字，它是包括一切的诸侯国，就是天下万民都欢心，为什么？因为你尊敬他们。人都是有这样的一种心态，你尊敬我我就尊敬你，所以“敬人者人恒敬之，爱人者人恒爱之”。大家都欢心都归顺，都为天子来服务，天子得到和谐万邦，天下太平，能够使天下太平，这就是孝敬自己的先王。这里的先王是指天子的祖先，周朝八百年的基业，一代传一代，每一代的天子都要保守天下，让天下和平不要出乱子，这才是对自己先王祖宗负责任，对得起祖宗！

所以在古代的君主时代，确实有一个好处，就是当皇帝的处处想到要保守自己的天下，对得起列祖列宗，因此只要稍微有一些觉悟的皇帝，他都不敢造次，他都懂得修身，懂得敬人，因为他有一个长远的思想。现在是民选总统，总统任期四年，他恐怕只为他这四年去考虑，那以后他就不管了，他也没有什么列祖列宗要去负责任，天下又不是他自己永恒的天下，所以他难免就会有一点短期行为，这是一个弊端。所以现在推行孝道的教育思想，就更加重要，让人都要懂得孝亲，不能够坐在这个位子上，坐了几年却被人辱骂，辱骂你当然也就会把你的父母、祖宗都辱骂了。

下面讲“治国者”，就是讲诸侯，比天子下一个等级，诸侯不敢欺侮“鳏寡孤独者”。“鳏寡孤独”这是在社会里面最没有地位的，所谓老而无妻，叫鳏，鳏夫，老而无夫的叫寡，寡妇，这些人当然是非常的穷苦，地位可能很卑贱。诸侯的国君对他们都不敢怠慢，更何况“士民乎”。“士”是读书人，有文化、有德行的人，本来就应该受到社会尊重，这个“民”是一般的平民百姓。所以一国之君，对于自己一国的臣民都非常的尊敬，不敢欺侮，以礼相待，所以得到百姓之欢心，这个国家的百姓都拥戴这位国君，这个国君也能得到和谐的国家，国家安定，这也就是对自己先君、自己的祖先负责任。治国者如此，治家者亦如此。

下面讲“治家者”，这是指卿大夫，古代这个家是大家族，不是我们现在讲的两个人一结婚，就是成为一个家了，那是小家，这里讲的是大家。像小说《红楼梦》里面，贾王史薛四大家族，那个家，一个家几百口，甚至上千人，明朝郑濂的那个家就有一千多口人，这是真正的家！五代同堂，六代同堂，郑濂他们家是七代同堂。所以一个家就是一个小的社会。这个家的主人（家长），对于自己家里面的臣妾，都不敢轻慢。这个臣就是我们讲的奴婢，家里的佣人、工人、保姆。妾也是指古代有一夫多妻制，娶了正室还有妾室，这都是地位比较低的家人。对他们都不敢轻慢，更何况对于妻和子，妻是正室夫人，子是儿女。这句话就是说，对家里上上下下所有的人，都以礼相待，不敢轻慢，所以家里人自然就欢心。家里人欢心和谐了，家和万事兴，所以祖宗都欢喜，以这个和谐的家族来供养祖先，这是“以事其亲”，亲是父母和祖先。

我们师父去年 6 月，在广州举行的国际儒联的研讨会里面，演讲的题目就叫“中华的家与家道精神”。他提出我们现在要恢复中华传统的家道，过去的家以血缘关系维系，几百口人成为一个家，所以人能够从修身而齐家，把家治理好了，他就能够治国，能够平天下。他说现在这种大家族已经不复存在了，所以要以什么来维系和建立现在的家，应该以道义来建立和维系，凡是一个团体，大家志同道合走在一起来的，这就是一个大家族。你譬如说一个学校，老师、同学就是一家人，像我们现在从事圣贤教育的这些老师们，大家会聚一堂，这就是一个家庭。彼此像兄弟姐妹一样，互相关怀、互相照顾，对长辈我们如同父母一样的尊敬，对年幼的晚辈我们爱护，就如同爱护自己的儿女，平辈之间是兄友弟恭，这就像是一个家族落实五伦八德。那么一个企业也是如此，企业的老板就像一家之主，带领的员工就是你的家里人。所以如果老板他也能够不敢失于清洁工，打扫卫生的，地位最低的这些工人，他怎么敢怠慢部门的经理？这一种《孝经》里面所讲的道理，对我们现在所有的团体都适用。一个团体上上下下相亲相爱，互相礼敬，这个家就和了，大家欢心！大家一起共事，自然把事业能做得成功。下面经文又说到：

“夫然，故生则亲安之，祭则鬼享之”。“夫然”这是讲前面的意思，能够把前面所说的做到。前面说什么？明王“不敢遗小国之臣”，诸侯“不敢侮于鳏寡”，大夫“不敢失于臣妾”。这样全部做到了，这叫夫然。那我们能不能做到？这个“然”字还有更深层的意思，是什么？自然。要知道我们看到表相上的贵贱高低，实际上在理体上讲，是一体，没有高下，没有贵贱。我们用人身做个比喻，在高位的，像我们的头、我们的眼睛，五官长在高位，我们的脑袋是指点整个身体运作的，像一个国家的皇帝、天子一样，可是这个脑袋敢不敢怠慢脚？脚是最低的，敢不敢说你这脚不听话，把你砍掉不要了？这不可能！为什么？一体的，人没有脑袋是不行，没有脚也不行，没有手也不行，没有五脏六腑也不行，全身所有的细胞缺一不可，大家合为一体，这才是一个完整的人！否则就是一个残废的人，甚至是个死人！所以在相貌上、在形像上虽有高低贵贱的区分，在理体上讲是一体的，没有高低没有贵贱，高低不二，贵贱一如，一体，这叫然，自然，自然之理！我们随顺这种自然之理，就是随顺性德，所以自然就能够做出不敢慢于人，不敢恶于人，对一切人都礼敬、都尊重、都关怀、都爱护、都照顾、都帮助。

我们学习《弟子规》、学习《感应篇》、学习《十善业道经》，看学习有没有效果，怎么看？我们师父在2007年年初的时候，写给华严班的同学一篇文，给我们提出具体的标准。标准是什么？能不能够做到对一切众生都能够尊重、敬爱、关怀、照顾、帮助，视众生为一体，能够这样做到，那你这三个根才叫圆满。所以在家里能够做到“故生则亲安之，祭则鬼享之”。如果父母在生的时候，他心就安！做父母的最安心是什么？看到自己的儿女都团结、都和睦，家里面都一团和气。和为贵，家和万事兴，一家不和毛病很多，所以父母就心不安。让父母安心，最重要的我们要和，要志同道和，齐心协力，共同为一个目标而努力。尤其是我们一起学习圣贤文化的，我们大家要互相帮助，互相和敬，则亲安之，谁是我们的亲？就近而言，我们的老师，远而言，我们的祖先、古圣先王，他们能够安心！这是尽孝。

下面讲“祭则鬼享之”。我们祭祀祖宗，祖宗如果不在了，我们祭祀祖宗，因为我们家和，他也很欢喜来这里享用。有的人说这个鬼到底有没有？这里的鬼不是我们一般讲的妖魔鬼怪的鬼，这是专指我们祖宗的魂。在儒家里面有多次提及，就在我们《孝经》里也多次提及，后面也讲到，“春秋祭祀，以时思之为之宗庙，以鬼享之”。这个鬼是说祖宗的灵魂。证明什么？儒家也承认人有轮回。不是说死了以后就什么都没有了，所以轮回三世之说，不仅是佛家讲，道家讲，儒家也承认，只是儒家讲得很少，点到即止，这里就点到了。这个事情过去孔老夫子的弟子子路就曾经问过，子路说“敢问死？”请教夫子这个死的学问，死可是大学问，死的学问比生的学问更大。那夫子跟他怎么讲？“未知生，焉知死？”这句话不是搪塞他，说你生的学问都不懂，还讲什么死的学问？不仅是搪塞的意思，更重要的是什么？死的学问比生的学问更大，三世的学问比这一世的学问更大、更丰富！所以你还没有知道生，焉知死？想知死，当然佛法里讲得最为完善了。最重要的是要真诚，以真诚心去祭祀，他才能享之，这个真诚是什么？平时我们能够修身，而能够齐家，使家庭和睦，他们才能够欢喜享用我们的祭祀。

我们继续来学习《孝经》。这是“孝治章第八”。我们刚才讲到“夫然，故生则亲安之，祭则鬼享之”这一段。刚才跟大家报告，人的生命是永恒的，不会说因为我们身体的毁灭而毁灭。所以在这里，夫子给我们讲到有生的时候，有死了之后。那我们的孝心也要永恒不变。不仅说父母在世的时候要安亲，让父母心安。那么父母不在了，身体不在了，那我们祭祀也要诚心诚意，这个诚是什么？“事死者，如事生”，对父母还是那样的孝敬。而且还是像父母在世时那样的让父母心安，父母最喜欢看到的就是家庭和顺，所以我们要保持和顺的家庭，这样父母享用我们的祭祀也心安了。

因是亲安，果就是天下和平、灾害不生、祸乱不作。这个果报我们非常向往，自古以来都向往着太平盛世。尤其是在现在，好像和平、和谐变得非常非常的迫切，要得到这样的果报，我们必须懂得修因。这个因是什么？父母心安，孝道可以真正帮助构建和谐世界。所以天下和平，没有战争。“灾害不生”，没有天灾、人祸。“祸乱不作”，这里就是没有动乱。下面讲：

【故明王之以孝治天下也如此。】

“明王”即圣明的领导人，他以孝作为教化的礼义，来帮助启发众人的孝心。自己又以身作则，所以天下人都效法明王的这种孝心，各自都能做到安亲，都能够使家庭和睦。家庭是构成社会的细胞，所有的细胞都能够和睦了，社会自然就能够和睦，天下就大治了。所以古代的这些领导人，希望天下大治，都是从自己做起。遇到有灾难，有祸乱，古代的天子总是反求诸己，不会怨天尤人。他们怎么做？往往是沐浴斋戒，自我反省，断恶修善，大赦天下。用自己改过、行善的行为去感动天地，使灾害不生、祸乱不作。这个道理非常深，佛法讲得究竟，这里讲的是“一切法由心想生”。灾害是果，因在什么？在人心动乱，人心险恶。“人以恶感，天以灾应”。那么能够断恶修善，“人以善感，天以福应”。所以人人能够行孝，能够行善，那么天下自然是和气降生，一片吉祥。达到这个目的，最重要的，是通过教育。下面引用《诗经》说，诗经也是出自于《大雅》。

【有觉德行，四国顺之。】

这个“觉”，是大的意思，就是有大德行，这是讲天子，天子的盛德，感召四国都归顺。这“四国”是四方之国。整个天下，万民都归顺。归顺天子、效法天子去行孝、去行善，这是赞美天子。虽然是赞美天子，可是我们要知道，这种功能我们每一个人都具备，只要我们努力地修德行善，也能够起到“四国顺之”的这个结果。你看我们师父是一位平民百姓，不仅是平民百姓，他是一位出家人，是四大皆空，两袖清风的贫僧，一无所有。你看他的德行，他的教化，能够让全世界的人民（有缘的人），都能够受感动，都能够跟他学习，这不等于“四国顺之”的意思吗？当然这个顺，不是说顺这个人，如果说顺这个人，那我们就不服了，为什么偏偏跟他学？这个顺，是顺自性、顺性德。我们的师父，他所做的是顺自性，随顺性德。我们看了都受了感动，也跟他学习，也来一起随顺自性、随顺性德。包括我们跟孔老夫子学，跟释迦牟尼佛学，不是说光顺他这个人，是因为他能随顺自性，我们也学他一样随顺自性，就跟他们一样了。所以这里很平等。

儒、释、道三家传统的文化都是教育，在教育里头人人都是平等。学生跟老师学，学到最后，可以跟老师一样，甚至能够青出于蓝而胜于蓝。不像一般宗教里讲的，宗教里只有一个神，上帝，大家都顺着上帝，归顺上帝，如果叛逆，那就是犯罪，将来下地狱。你不可能做得跟上帝一样，你永远不能跟上帝平等。但是教育里面它不是这样讲的，宗教里面它有神和子民的尊卑之分，但是教育里面是人人平等。我们现在跟老师学，是因为尊重老师，尊师重道，但是要知道，本性上来讲，人人平等。学到最后，完全跟老师是一样的。所以这里的顺是顺自己的自性。这就是真正的大德行。所以这个“孝治章”主要讲，由领导带动，能够大家一起行孝、一起安亲，做到家和万事兴，自然能够和谐社会、和谐世界。这是“孝治”的意思。

第九章　圣治章

《圣治章第九》我们一起来把经文念一遍：

【圣治章第九。曾子曰："敢问圣人之德，无以加于孝乎？"子曰："天地之性，人为贵。人之行，莫大于孝。孝莫大于严父。严父莫大于配天，则周公其人也。昔者，周公郊祀后稷以配天，宗祀文王于明堂，以配上帝。是以四海之内，各以其职来祭。夫圣人之德，又何以加于孝乎？故亲生之膝下，以养父母日严。圣人因严以教敬，因亲以教爱。圣人之教，不肃而成，其政不严而治，其所因者，本也。父子之道，天性也，君臣之义也。父母生之，续莫大焉。君亲临之，厚莫重焉。故不爱其亲而爱他人者，谓之悖德；不敬其亲而敬他人者，谓之悖礼。以顺则逆，民无则焉。不在于善，而皆在于凶德，虽得之，君子不贵也。君子则不然，言思可道，行思可乐，德义可尊，做事可法，容止可观，进退可度。以临其民，是以其民畏而爱之，则而象之。故能成其德教，而行其政令。《诗》云：'淑人君子，其仪不忒。'"】

《圣治章》是前面讲的《孝治章》这个意思继续延伸下来，前面讲的明王以孝来治理天下，来达到和平。那么天下和平，这是夫子所憧憬的这种所谓“老者安之、朋友信之、少者怀之”的大同世界，竟然能够用孝道就能够达到。这就引发了曾子的提问，夫子因这个问而给曾子说明“圣人之治”的道理，所以有这一章经文。我们来看曾子是怎么问的，曾子问到：“敢问圣人之德，无以加于孝乎？”曾子听到夫子这样来陈述孝道，真的是叹为观止，孝道真伟大。那么他就问了，这里他用“敢问”，这个“敢”字体现出曾子谦逊有礼的态度，对待老师不是那么大大咧咧、毫无忌惮，还用敢问，我斗胆向老师请教一个问题，那种戒慎恐惧的样子就表现出来。他问什么？“圣人之德”，圣人的德行，圣人是一个完人，所以圣人之德是最圆满的德行，有没有能够加于孝乎？就是比孝道更大的？换句话说，除了孝道这个德行以外，还有没有更高的圣德？那有没有？夫子怎么回答他的，夫子的回答也是条理非常清楚，分析非常的深刻，让我们心服口服。“子曰：‘天地之性，人为贵，人之行，莫大于孝’”，这个天地之性的“性”，当“生”字讲，天地所生，也就是一切万物人是最尊贵的，那为什么人能够称为天地之中、万物之中最贵的，凭的是什么？他比禽兽尊贵在哪里？这后面就给我们讲到“人之性莫大于孝”，这个性，就是德行。因为人有德行，他跟禽兽不同，禽兽它不必去讲道德，但是人必须讲道德。而道德当中以孝为大，《孝经》开宗明义就讲到，孝是德之本也。最大的就是孝道。所以古人称为百善之先，它是根本的德行。正因为人能够行孝，他就具备了天地之德，因此在天地万物当中人是最尊贵的，有德才是尊贵。那如果人不去行孝，不去修德，跟禽兽又有什么区别？这种人就不贵了。不贵叫什么？叫贱人。所以希望我们贵而不贱，那就得好好修德行孝。

那么行孝，这里讲到“莫大于严父”，严是尊严的，尊严其父，就是把父亲这个地位尊严起来，就是孝，孝行之大最大的莫过于尊严父亲。为什么这么说，因为古人把父亲跟天相配，像《易经》里面讲乾卦、坤卦，乾是天，坤为地。乾坤代表什么？代表父母。所以把父亲配作天，把母亲配作大地。我们是从天地而生，是父母所生。所以我们要尊重我们的父亲就像尊重天一样，这里讲严父，就是使父亲地位尊严莫大于配天，把他跟天相配，这是已经配到了顶点了。这个礼义是从谁发明开始的？是从周公开始的。“则周公其人也”。在过去，周公以前没有礼节，没有把父亲跟天相配来祭祀，这是从周公开始，这种做法确实是非常的好。为什么？让人生起对自己父亲的那种尊重、仰慕之心，这是帮助启发我们的孝道，启发我们恭敬之心。

这里讲到“昔者，周公郊祀后稷以配天”，这是在过去，周公，这是文王的儿子，武王的弟弟，也是孔老夫子最仰慕的圣人之一。周公辅佐武王，武王死了以后，又辅佐成王，就是武王的儿子，周公摄政，武王的儿子当时很小，周公代理朝政，把成王培养大了，又把政权交还给成王，这种厚德确实古来非常罕见的。而且当时周公制礼作乐，周朝建立以后，周公制这个礼，叫“周礼”。“周礼”，我们师父讲（这是他老师告诉他，方东美教授讲的），这是最好的一部宪法。比法律要好，用礼制比法制强得多。为什么？人懂礼，他就耻于作恶。你用讲法律，法律再严格，他只是不敢造恶。可是，他未必有耻心。人懂得礼，自然就懂得羞耻。所以他自己可以自己防范造恶，不待法律去防范，所以礼比法要更高明。很可惜周朝末代皇帝没有尊重、没有依照祖先的礼法，如果还是按照“周礼”而行，我们师父讲说到现在还是周朝。这个朝代不会灭亡。

当时周公制定的这个“祭礼”，“祭礼”是很丰富的内容，这里他举出“郊祭”，“郊”，就是郊外，所谓圜丘祭天，是在郊外祭奠。那么“后稷”是指周朝周家他们姓稷，这个家的始祖。那么这种郊祭，其实是从夏朝就开始了。夏朝祭奠自己的始祖就在郊外，可是没有配天之礼，就是没把祖先跟天并在一起来祭祀。那么这个祭祀是周公创作的，这种创作确实是非常的难得。

那么后稷这个人，我们简单介绍一下，根据《周本纪》的记载，后稷的名字叫弃，是生于尧舜时代，这个弃是遗弃的弃，为什么叫弃？因为他的母亲叫姜嫄，曾经在野外见到巨人的脚印，就踩上去了，没想到踩上去之后就怀孕了，就生下了弃这个儿子。因为她没有通过正式结婚突然怀了孕，当然这是不祥之兆，因此他母亲就想把他丢弃掉，可是丢到路上，牛马见到这个婴儿居然不踩他。又把他丢到山林里面，可是又遇到很多人要救他。最后把他丢到冰上，居然发现很多鸟用翅膀给他保暖，他的母亲看到了，就知道这个儿子非同凡人，于是把他收养了，继续把他养大。因为他母亲一直想把他丢弃掉，所以就取一个名字叫弃。这个弃长大以后，就成为一个很好的农师，他擅长耕种，很多农作物他都晓得，尧王请他出来带动农耕的这个业务，天下的人都得到他的利益，所以这个功劳也是很大的。后来到舜即位以后，把弃封到了“邰”这个地方，给他取名叫后稷，这个稷我们一看就是谷物，因为他是农师，后人也尊他为谷神了，他是文王、武王及周公祭祀的祖先。周公把祖先跟天配在一起来“郊祭”，在野外祭祀。

“宗祀文王于明堂以配上帝”，这个“宗”是在宗庙里面，这是在室内，不是在野外。祭祀什么？把文王的灵位放在明堂里面，明堂是天子布政之宫，就是他的办公场所，他的办公的厅堂。把文王在天子的布政公堂里面跟天跟上帝配在一起来祭祀，这个上帝是所谓的“五方上帝”，东西南北中，五方上帝，黄帝是居中，就是炎帝黄帝，黄帝是中，五方上帝。这是指跟天神、天帝配在一起，把自己的祖先、父亲摆到了最尊严的地位上。由于天子这样尊重自己的父亲和祖先，当然天下的万民也跟着来助祭了，所以“四海之内，各以其职来祭”。这四海的诸侯、臣子都按照自己的职位来参加祭祀，助祭。

“夫圣人之德，又何以加于孝乎”，孔老夫子说到这个例子，孝道，孝道他能够把自己的父亲、把自己的祖宗跟天配在一起来祭祀，这样去尊严其父，而令到四海诸侯都能够归顺、助祭、效法。那么这个祭祀，能够使社会风气淳厚，它是天下太平、社会和谐的一个重要方法，所以可以得到天下大治。你看圣人之德怎么还能够超过孝道？用孝道就已足矣！足能和谐世界，这是孔老夫子举祭祀的礼节来说明。

这段话，我们可以展开一点来谈，这是讲做天子、做领导人，如果能够尊重自己的祖先，能够爱护自己的国民，他也能够感召全国上下乃至世界各国对领导人的敬佩，从而能够归顺之。我们看到，2008 年5 月12 号，四川汶川、北川等地发生特大地震之后，我们国家的领导人，胡锦涛、温家宝这些国家领导人，立即全身心投入抢救灾民这个救灾的工作，举国上下看到领导人都这样的爱民，所以都动作起来了。所以有很多捐献财物的、献血的，而且我们还看到其他国家的大使都有动作。在报纸上登到，在当时5 月15 号，3 天之后，爱沙尼亚驻华大使翁卡，也跑到北京红十字血液中心，为汶川地震灾民来献血。这使我们看到这段经文就想到，天子能够尊严其父，四国诸侯便来助祭，现在一个国家领导人能够全心全意爱民，为民服务，也能感动周边国家来帮助。这个道理是一样的。所以这个圣人之德，表现在什么？真正把孝道从自己落实而发扬之、扩大之，对全社会的人都像对自己父母一样，这就是随顺性德。自然能使万民都能欢心、都能归顺。

下面我们继续来看下面一段："故亲生之膝下，以养父母日严"。这个"亲"就是讲"亲爱"。这个"膝下"，就是指孩子小的时候，他在父母膝下。这里是讲到什么？"亲爱"生于孩幼的时期，那么实在讲，一个小孩刚刚出生，他就懂得亲爱。我们看那些刚刚出世没几个月的婴儿，他在母亲的怀里，你看他的神情，看他的神态，跟他母亲那种相亲相爱，浑为一体，你就知道这个"亲爱"它是天性。没有人教他，他也不是在哪儿学的，一出生之后，自然就懂。所以五伦里面讲"父子有亲"，这是爱的原点，小孩一出生就知道父子有亲，母子有亲，所以这讲"亲生之膝下"，就是亲爱之心从幼儿就出生了，从婴儿刚下来呱呱坠地他就已经懂了，这种爱是天性的爱。

那么渐渐长大，孩子除了跟父母有亲爱之心以外，还要日加尊严父母，让父母受到尊重，就是我们要恭敬父母。如果光讲亲爱，对父母没有恭敬心了，这也不行。所以对父母要兼有爱和敬，这个德才圆满。所以我们以自己的爱和敬来养父母。圣人就看到我们人的本性，随顺着我们这种纯善本性来教化，“因严以教敬，因亲以教爱”，这个“因”就是依靠、随顺的意思。因为我们人天生下来就懂得爱，跟父母有亲这个爱。就懂得对父母尊敬，所以爱和敬叫性德，与生俱来，人皆有之，问题是我们能不能把这种天性保持终身不变。能保持终身不变者，便是圣人。所以孝，孟子讲“尧舜之道，孝悌而已”，孝就是爱亲、敬亲，悌就是注重恭敬。对兄长、对长辈的恭敬，这叫悌道。

圣人看到我们能够尊严父母，他就教我们敬；看到我们跟父母有亲爱的关系，教我们如何爱人。教爱教敬，而且能够把这个爱敬之心扩大对所有的人，这是圣人所教的内容。如果人得不到这些教育，那么他的爱敬之心就会萎缩，最后就消弥殆尽，没有了。《三字经》讲“人之初，性本善”，可是“性相近，习相远”，本性虽是纯善的，可是习性不好，特别是如果社会污染严重，染上不良的习性，这就跟本性远离了，“苟不教，性乃迁”。如果不教化他，他慢慢、慢慢就堕落了，本有的性德就不显了，所以圣人以爱、敬来教人。那么能够这样去随顺本性去教人，圣人之教就“不肃而成”了，“其政不严而治”。所以用“爱敬”是随顺天理，随顺人心来教化的。不需要用很严肃的方法，很激烈的手段，也能够把人教好，这叫“不肃而成”。他执政、治理天下也不需要用太强烈的方式或者是法律，也能够把天下治理好。所以这教化的力量很重要、很伟大，真是潜移默化，润物细无声，逐渐就能够移风易俗，把社会风气改良。

那我们问它为什么能够有这么大的力量？为什么用爱和敬教化大家都能听？这里讲“其所因者，本也”。这个“因”就是依靠，这种教育依靠什么？依靠根本，这个根本就是孝道。再讲得深一层，这个本就是本性。依靠本性（人的本性）去教化人，当然容易教。人的本性是什么？是纯净纯善的。“人之初，性本善”。佛法里讲“本觉本有，不觉本无”，“本觉”是什么？本来就觉悟。自性它是本来觉悟。那么依据性德教化，就能够彰显我们的本性，所以容易教。所以教化，圣人的教育，归纳起来一句话，就是帮助人回归本性，恢复本善。这就是教育。

下面又说“父子之道，天性也，君臣之义也”，“父子”，这里当然父也包括母，父母跟儿女之道，这个道就是关系，五伦关系里面，这是第一个，父子，这是天性。所谓天性，就是讲到本来自然的这个关系，它是永恒的，只要有人类，必定是有父子。这是讲天性。所以天性有常，这是讲孝为常德。根据这种天性的亲爱，圣人去导引、去教化，让人养成一种博爱之心，养成一种恭敬之心。那恭敬父母、尊严父母就是有“君臣之义”了，君臣之义这个义是义务，君之义是仁，对待下属，领导对下属要仁爱，下属对领导要忠，忠心，君仁臣忠，就是君臣之义。这种义，也是从父子这里衍生出来的。而它在父子这个关系里面更着重在尊严恭敬这一面，所以臣对君要恭敬，君如父，但是不能够完全把自己的领导当作父亲看，可以随便，也不行，它着重在敬这个字。所以父子之道能延伸出君臣之义。实际上五伦关系也是父子关系的一种衍生，“八德”都是孝德的延伸。

这种道德，“父母生之，续莫大焉”。父母生了儿女，这有传续后代的意思，“续莫大焉”，在传续后代的同时，也把孝德传续下来了。所以这是很好的，人类繁衍有这样的一种道德仁义在里头，他就能够使这种道统相续下去而不中断，这是讲人伦之道。父子这一伦最大。

下面讲“君亲临之，厚莫重焉”，这个“君”是什么？是讲父亲如同领导一样，在一个家里，父亲就像君王，所以这“君”和“亲”同时都是指父亲和母亲，母亲着重在“亲”。父母这种爱，这种尊严，临于自己身上，加到自己身上，这种恩义之厚，莫重于斯，这是最重的。所以这里也都是赞叹父子之间的那种恩义。我们懂得这个道理就知道，谁对我们爱最重，恩最深，那就是我们的父母。因此下面讲“不爱其亲，而爱他人者，谓之悖德”。如果连自己父母亲都不爱，去爱别人，这个孔老夫子批评很不客气，叫“悖德”，违背道德，也是违背自然，违背自性。

下面说“不敬其亲，而敬他人者，谓之悖礼”，对父母都不敬，而去尊敬别人，这叫做违背礼貌、礼节、礼法。为什么？这就是前面讲的，父母的恩德最重。而父母的地位也应该是最受尊重，最尊严的。那我们岂能不爱敬自己父母，而去爱敬别人？每读到这一段，都使我想到过去我曾经犯过的一个错误。我记得过去在美国留学的时候，因为我父母离异，我母亲一个人在家里，在广州。所以我就常常给她打电话，给她写信，而且每一年都回来看望她。第一年回来，我跟大家报告过，我在美国生活收入很少，也很节省，就想到，现在头发长了，是不是该理发。那么就想到在中国，在广州街边一个理发铺，剪一个发 5 元钱人民币。但是在美国一个普通的理发铺，大概 12 美元，约合 100 元钱人民币。我是学金融的，这个差价当然是很敏感，所以就把头发留得长长的，想到回来省点钱，回来再剪。结果买了机票，也买了不少的礼物，带着礼物回广州探亲。从路易斯安那州飞到达拉斯再转机，到洛杉矶，再转机到香港，再搭直通车，回到广州。这一路上已经不止 24 小时，所以是风尘仆仆，加上头发又很长，就像一个小乞丐一样。

回到家里，走到门口敲门，妈妈早已经等候我多时了，妈妈打开门，我就习惯性的给妈妈行个礼，然后抬头一看，心里扑通一下，看到我妈妈从头到脚都整整齐齐，头发梳得特别整齐，烫得很好。妈妈把我请进家里，给我沏好一杯热茶，坐下来跟我聊天，说："儿子，我知道你今天回来，昨天特地去烫了个发。"我一听，心里就觉得非常惭愧。为什么？做母亲的心，跟做儿子的心是不一样的。你看，一年没有见面了，母亲的心怎么想？要给儿子一个好形象，所以特地去烫了个发。让儿子看到了心生欢喜，知道母亲在家里很好，可以放下顾虑，好好地在美国读书用功，不用担心自己母亲，母亲是这么想的。可是做儿子的怎么想的？差价。英文叫 Arbitrage，就是套利。这个观念是什么？把钱放在比敬爱自己的父母更重要，所以每谈到这个，我就觉得很忏悔。

这件事情虽然是个小事，可能我们很多人未必去留意。但是从这里面去检点我们的存心，到底我们爱亲、敬亲到什么样的地步。现在很多社会上的青年，上了大学，拍拖，谈恋爱，跟异性朋友见面的时候，打扮得漂漂亮亮。那你去问问他，回家见父母有没有打扮得漂漂亮亮，每天给自己的异性朋友献一支花，那你有没有跟自己的父母献过花？没有献过花，对父母从来没有想到以最好的形象去见，就是这里讲的“不爱其亲而爱他人者，谓之悖德。不敬其亲而敬他人者，谓之悖礼”。悖德、悖礼！所以后来两个人结了婚，没几年就离婚了，这是很自然的现象。为什么？根本不懂得爱，更谈不上敬了。古人讲夫妻相敬如宾，那个味道他从来没有体会过。

刚才讲的是择偶，那你选择一般的朋友，或者是公司老板选择员工，这个标准是最好的标准。看看这个人有没有品德，你从这方面来看。如果你看到一个员工对老板毕恭毕敬，鞍前马后、阿谀奉承，你看看他回家里用什么态度对父母。假如态度一致，就可以信得过。如果态度不一致，那这个人一定是两面三刀，且表面一套背地里一套。怎么能够信任？属于悖德悖礼。当然，我们学了这些圣贤的经文不要老是去衡量别人，看别人，关键是看自己。自己有没有不爱其亲而爱他人，不敬其亲而敬他人。如果有，赶紧改。这才像一个学习圣贤教育的老师。

刚才讲的这个悖德悖礼者，“以顺则逆，民无则焉”。本来应该随顺性德，随顺人心，可是现在全部逆了、反了。如果一个领导人不能够做到爱敬其亲，那他也就是悖德悖礼了，百姓也就无所适从了。这个“无则”的“则”是法则、效法，他也无所适从了。换句话说，这个天下就会大乱。那我们每一个人如果都能够爱敬其亲，天下也就大治了。

下面又说“不在于善，而皆在于凶德。虽得之，君子不贵也”。刚才讲到悖德悖礼的行为，不能爱敬双亲，这样就“不在于善”，身行不善，这就会变成凶德。这个“凶”就是凶灾会来临，那“凶德”就是违背道德。即使你得到了上位，可是“君子不贵”也。所以现在民选的领导，我们教化大众，强调什么？孝道！那么百姓他们都懂得孝道，他所选的领导人也是个孝子。一个孝子当位，他自然能够让社会和谐，孝治。如果百姓不懂这个道理，选的领导，可能很会演说，很会鼓动大众，很会拉选票，选上之后，就做出悖德悖礼之事。可能自己贪污，损害国家人民的利益，损人利己，得到了上位，君子不以为贵，知道这是凶德，这给社会就带来灾难。

“君子则不然”，君子不这么做。君子怎么做？“言思可道，行思可乐，德义可尊，作事可法，容止可观，进退可度，以临其民”。所以君子绝对不做悖礼、悖法、悖德之事。他处处做社会大众的好榜样。“言思可道”，语言还没有说出口，首先要想一想可不可道，能不能去说，说出来会有什么样的影响、什么样的后果。如果后果不好、影响不好，就不能说。“行思可乐”，一个行为，在做之前，也要提起观照，想想这个行为该不该做。该做的才去做，不该做的绝对不做。以什么标准？就以古圣先贤的标准。具体说，是《弟子规》、《孝经》的标准，这个标准就很好。当然再加上《太上感应篇》、《十善业道经》，那就更圆满了。所以行为举止都要想一想符不符合经典的教诲。你能够符合，大家看到了，就欢乐了，喜悦了，为什么？因为你做的这些行为顺天理、顺人心！所以大众必定是欢乐。

“德义可尊”，这是讲立德行义，人能立德行义，讲道德、讲仁义，处处做事符合道德仁义，必定使大家尊重，肯定的，这是自然而然的道理。人心本有本善，见到人善了，自然就尊重他。“作事可法”，你所做的事情，都能够作为别人的好榜样，别人都效法。“容止可观，进退可度”，这个“容止”，容貌举止，讲我们的威仪，《中庸》里面讲的“威仪三千”。佛法里面讲的八万细行，这种种的威仪，就是你的行为、举止，符合礼义，符合道德仁义，让人看到了都很赞叹。所以儒家讲守礼，佛家讲持戒、讲威仪，这些都是讲符合规矩。人能够守规矩，他的生活井井有条，说话行事都有条不紊，讲究礼貌，大方、潇洒，当然，别人看到了，就赏心悦目，很赞叹，自然会生起感佩之心，就会向你学习。

那么“进退可度”，这个“进退”，在跟人交往当中，待人、处事、接物，这是讲进退，进退、应对都有度数，这个“度”是礼度，礼节这个“节”就是节度。我们讲礼要懂得度，不能过度，也不能不足。过度和不足都不符合礼，都没有礼貌。要刚好，这个分寸掌握得恰如其分，让人觉得跟你在一起非常舒服，而且由衷地敬佩，这是君子之风。《孝经》这几句话，就是君子的定义。我们自身反观自照，能不能成为君子，用这个标准是最好。如果不做君子做什么？不可以！要做君子。“言思可道，行思可乐，德义可尊，作事可法，容止可观，进退可度”，这是我们的六条标准。具体落实用《弟子规》，《弟子规》你能百分之百做到，你这六条八九不离十了。“以临其民”，用这种道德，用这种威仪，来对待百姓，结果是什么？

“是以其民畏而爱之，则而象之，故能成其德教，而行其政令”。这个结果就使得人民百姓看到这位君子，“畏而爱之”，“畏”是敬畏。因为他有威仪，自然不怒而威。我们讲仁者，“果仁者，人多畏，言不讳，色不媚”，所以人们见到他，又爱他、又敬他，但是又不敢放肆，“畏而爱之”。那么“则而象之”这个“则”就是法则，效法他，向他学习，做得像他一样。

我记得我在 24 岁那年，在美国读书的时候，第一次亲近我们师父上人，跟师父讲上话，第一次见面还没有讲上话，是在 1992 年，我是 19 岁的时候，第二次是在达拉斯，美国达拉斯净宗学会，当时我一见到师父，完全就被师父的那种威仪举止所摄受。在饭厅里面吃饭，师父坐在中央用餐，大家就安安静静地坐在底下，一声不吭，只听到碗碟的那种细微的声音。我吃饭大概四分之一的时间是看着碗里，四分之三的时间是看着我们师父，真的有点像《地藏经》里面阎罗天子到忉利天宫，看到释迦牟尼佛，真的是“目不暂舍”。那种威仪很摄受人，所以“畏而爱之，则而象之”。就生起跟老师学习的心，效法老师。我之所以今天能走上这条路，真的是我们师长的带引。不仅是他的言教，更重要的是他的身教。让我们真正生起仰慕之心，希望能够有一天跟他一样。师长教我们学圣人、学佛陀。要学儒就学得像孔老夫子一样，要学佛就学得像释迦牟尼佛一样，那你教化的效果才殊胜。为什么？你不讲话，威仪就表现出来了。我们现在人讲的磁场，那个磁场就不一样，那种氛围就让人生起敬慕之心，当然他愿意跟你学习。

所以“故能成其德教，而行其政令”，那他的道德教育可以成功，如果是执政，他的政令可以下达，大家都能够遵守，都能够依教奉行。教化有没有效果，在于教化者自己有没有做到，你真能做到了，真的不严而治，不肃而成，这些都能做得到。

最后引《诗经》的一句诗文，“淑人君子，其仪不忒”，这个“淑”，是善的意思，善人，君子的威仪，不忒的“忒”，是差，不差。威仪不差，就是你仔细看他的举止行为，看不出破绽，他完全符合礼法，完全符合戒律，威仪具足。《无量寿经》里面讲的，这个人“善护口业，不讥他过。善护身业，不失律仪。善护意业，清净无染”，这种人是“淑人君子”。所以他有他的摄受力，人见人爱。那么爱之、敬之，自然就向他学习。所以能成就教化一方的效果。学习了这一段“圣治章”，就是看到圣人是如何来用自己的德行教化百姓，治理天下。天下兴亡，匹夫有责，我们每一个人都学圣人，用自己的道德、威仪，去成其德教。

第十章　纪孝行章

《纪孝行章第十》，我们先来把这章的经文一起来读一遍。

【纪孝行章第十。子曰："孝子之事亲也，居则致其敬，养则致其乐，病则致其忧，丧则致其哀，祭则致其严。五者备矣，然后能事亲。事亲者，居上不骄，为下不乱，在丑不争。居上而骄，则亡；为下而乱，则刑；在丑而争，则兵。三者不除，虽日用三牲之养，犹为不孝也。"】

这一章的经文非常的重要，因为"纪孝行章"就是记录我们该如何行孝。换句话说，本章是教导我们如何去落实孝道。前面跟我们讲了很多的道理，孝道的道理是非常深广。明白了道理之后，最重要就要把它去落实。这一章就告诉我们如何去落实。第一章"开宗明义"夫子就告诉我们孝分三个层次，"始于事亲，中于事君，终于立身"。这一章是告诉我们如何来事亲，非常的具体。文字虽然不多，可是里面的义理，涵盖的层面也是很广、很深，我们可能要花多一点时间来学习这一章。

我们来看经文，"子曰"，你看每一章一开头，它都有"子曰"，这是给我们不断地显示《孝经》确确实实是夫子亲手所著。第一句是"孝子之事亲也"。这讲到孝子该如何事亲。底下讲了五个内容，第一个是"居则致其敬”，这个“居”就是居住的意思，平时我们跟父母生活在一起，一起居住。居住在一起对父母最关键是要“致其敬”，也就是对父母要恭敬。很多人都以为孝顺父母是拿点钱供养父母，买点好吃的、好穿的，物质上给父母提供充分的需要，这就是孝了，那还差得很远！在《论语》里面，孔老夫子说过一句话，他说“至于犬马，皆能有养，不敬，何以别乎？”如果以为养父母，让父母生活需要得到满足，这就以为是孝，那是大错特错了。为什么？因为养狗养马也是满足它们的生活需要，那跟养父母有什么区别？区别就在于“致其敬”！对父母，我们除了养父母以外，更重要的是对他们尊敬。前面说到，尊严父母。古人是把父亲配天，把母亲配地，这是把父母的地位摆到最尊严的上面去了。

在古时候，我们看到二十四孝里面有一个故事，这是宋朝的大文豪、文人黄庭坚，他毛笔字写得很好，有德有才，在朝廷做官，很有声望。可是他每次从朝廷回来以后，必定是先给他母亲去洗尿器。古时候因为屋子没有现在这么现代化的洗手间设备，都是用一个尿桶、马桶，特别是老人家在房间里面，方便他们使用。所以第二天早上就要把这个尿器、马桶要拿出去洗。黄庭坚家里有佣人，有很多奴婢，可是黄庭坚不让他们洗，非得自己亲自动手。结果很多奴婢也看得很不好意思，就说：“黄大人，你就让我们来洗吧。这些脏活，你老人家就不要干了。”可是黄庭坚对这些佣人说，“你们洗得不干净！我妈妈非常喜欢清洁，一点肮脏都受不了，你们洗得马马虎虎的话，不干净让她生烦恼，我得亲自洗。”你看看，这黄庭坚他这么有声望，这么有地位，仍然回家就做最粗重、最脏的活，这是什么？体恤到他母亲这种非常爱清洁的习惯，所以照顾他母亲是无微不至。

这是古代二十四孝之一。古人称他的这个孝行，“此大人者不失其赤子之心也”。什么是“大人”？“大人”，就是伟大的人，圣贤人，圣贤人不失其赤子之心。“赤子”就是婴儿，刚出生的孩子什么都没有，赤条条，襁褓中的婴儿，但是他对自己的父母是纯孝，是最亲最爱的。能够把这种赤子之心保持一生不变，这个人就称为大人。黄庭坚他能够保持。圣贤教导我们，成圣成贤不外乎就是把这颗赤子之心发扬光大，对一切的人都是用这颗赤子之心。这赤子之心里面是赤诚，是至亲至爱，视一切众生如同自己父母，那这个人就是圣人！所以我们看黄庭坚，他居然能够被列为二十四孝之一，他做了些什么事情？也不像什么大事，洗洗尿罐，这是小事一桩。很多人都觉得这没什么。我们来看看，黄庭坚洗尿罐，这是小事还是大事？孟子有句话说得好："事孰为大？事亲为大"，什么事才能真正叫大事？事亲就是大事。在事亲方面做的事情，没有大小，统统都是大事，二十四孝里面有不少是大事做出来的。可是黄庭坚在这里做的是小事，但是他们的心是一样的，都是纯孝。有这颗孝心，遇到大事就做大事，遇到小事就做小事，哪有大小分别？统统都是大事！而在洗尿罐当中，这种心行已经是跟天地之德相应了，便就是圣人的存心了，怎么说不是大事？伟大的事，这个人便是伟大的人。

现代我们看到报导上面说到，中国的十大元帅之一陈毅，他也做出类似的事情。当共和国成立以后，他做了开国的元帅，十大元帅之一，同时也做了外交部长。有一次他出国回来，就带着他太太，还有几个官员，路经家乡，就顺道去看看他自己的母亲。这位母亲当时躺在床上，因为他母亲大小便失禁，所以每天都要换那些尿湿的裤子。这时陈毅正好从外面进来，他母亲尿湿的裤子还没来得及收起来，一看到自己儿子回来了，就赶紧叫人把这条裤子塞到床的下面，把它藏起来，但是被陈毅看见了。他就笑着来到母亲身边，问说："母亲，很久没回来看您了，您刚才藏的是什么东西？"他母亲说："没什么。""来，我来看看。"他就趴到床底下，把那个尿湿的裤子拿出来，对他妈说，"妈妈，这个尿湿的裤子我来给您洗就好了，您何必要藏起来？"这老太太一把就抓住他儿子说，"不行不行，你现在都当元帅了，是我们的开国元老了，怎么能让你洗尿裤？"陈毅就对他母亲说："妈妈，我小的时候都不知道尿湿过多少裤子，您帮我洗了这么多尿裤，我才帮您洗一次，也不为过。"说完，就把这个尿裤拿出去洗了。还把他的太太叫上，一起洗，陈毅元帅也很懂得教孝道，叫媳妇也要跟着学。所以我们看到这些有成就的人，他们给我们做的这些示现，对于自己父母，无论大小事都是这样的去关怀照顾，而且是以一颗恭敬的心去照顾他们。

孔老夫子在《论语》当中也说到一个道理，有一天他的弟子子夏来问什么是孝道，孔老夫子说了一句，说："色难。"色难就是脸色不好看。但是他"有事弟子服其劳；有酒食，先生馔，曾是以为孝乎？"这个话问得好！我们自己想想，尽孝，父母有事我们去帮忙，去帮助一下；吃饭的时候，先给父母夹菜，让父母先吃，这些行为举动看起来也是孝顺，对父母也很恭敬，但是脸色不好看。"色难"就是脸色不好看，是装的样子出来，好像也找不出什么破绽。拿《弟子规》一衡量，好像都做到了，可是你看他的脸色做得很痛苦。为什么？可能对自己父母不服，或者不满，内心里有这些念头，表现在形貌上。孔老夫子说："这能够算得上孝吗？"有的人也曾经跟我讲过。他回家就说他父母，"我对你怎么好怎么好，好像你都不领情，我对你这么孝顺，但是你居然还不知道感恩，居然还是诸多的批评指责，所以自己一肚子气。"这是什么？你想想！这是孔老夫子说的"曾是以为孝乎？"孝不仅是看行为，更重要的是看存心！如果存心对父母不以为然，虽然在表面上、行为上，做得还挺圆满的，孔老夫子说这也不是孝。为什么？他跟父母一体的心没有发出来，至亲至爱的心没有出来。

我记得过去看到《太上感应篇汇编》里面有一个故事，讲到一个书生去赶考。晚上做梦，就梦到自己去到文昌宫里面去了（文昌帝君是主管功名的），见到文昌帝君，他想知道自己考试考第几名，文昌帝君看了他的功名录，皱着眉头。他想这是怎么回事？难道我榜上无名？这时候他马上就对文昌帝君说，"我还挺孝顺父母，我做人还是挺正直的。"但是文昌帝君说，"你犯了腹诽的罪过！"什么叫"腹诽"？"腹"就是腹部、肚子里，"诽"是诽谤，就是你对父母表面上是很孝敬，可是内心里不以为然，内心里有看父母过失，批评、诽谤父母的念头，这叫腹诽。所以你这功名也上不了。你想想，这个孝我们要看心！如果是没有这个真正至亲至爱的存心，没有对父母由衷至诚的恭敬，不管你做出什么样子来，那还不能称为孝。我记得我的母亲，过去常常也是为我做出好样子。记得在二十四孝里面，有一个老莱子，你看他 70 多岁了，在他的父母面前，表现得像一个小孩子一样，在父母面前表演很多节目，甚至还翻筋斗，让父母高兴。这是让他的父母忘却了年老的忧虑，你看我儿子还是个小孩，那自己也不是很老！常常让自己父母欢心，这是对父母的恭敬，底下讲的“养则致其乐”。

我母亲过去也是常常在我外公、外婆面前表现出一种很童真，像小孩子愉悦父母，承欢膝下的样子。因为我外公外婆比较喜欢热闹，喜欢享受一种天伦之乐，所以逢年过节，我母亲就主动地召集哥哥姐姐和他们的孩子们一起来到家里，给老人家表演节目。譬如说唱首歌、读一首诗，献上一段朗诵的散文等等。或者是常常带着老人家去外面郊游，或者吃馆子，让他们能够高兴，享受这种人间天伦之乐。所以我们家庭里面就形成一种文化氛围，每逢像老人家的生日、过年过节、假日，我们统统会聚在一起，老人家这时候是最欢心的。而我们家庭的凝聚力无形中也就生成了，一直到现在，虽然老人家不在了，但是我们家族的人，就是我母亲这边家族的人，都常常聚会，一起交流，非常团结、和谐。这都是长辈给我们做出一个对父母“居则致其敬，养则致其乐”的样子出来。

“养则致其乐”，这个“乐”是父母的心要得到安慰，他心欢喜。当然让父母欢喜，不是说一天到晚就像老莱子这样，在父母面前翻筋斗，这个当然还不够，这老莱子这种示现是给我们说出一个例子。但是让父母真正的欢喜，我们必须各方面做得好。世间人一般都说“望子成龙，望女成凤”，父母都希望自己儿女出人头地，都希望自己的儿女能够做出一番事业。读书的时候读得好，工作的时候工作得好。成了家以后，家庭也和谐、也幸福，教育后代也像个样子。这些都是让父母欢心的事情。所以孝养，养不仅是养父母之身，要养父母之心，养父母之志。养父母之心、养父母之志往往都是要用一生去实践、去努力。

在历史上我们都知道，有一部《汉书》，这是一个记述汉朝的断代史，这个作者他不是一个人，是父子三人。当时对这本《汉书》来说，别人以为作者是班固，实际上是班固的父亲跟班固，还有班固的妹妹三个人合写的。班固的父亲叫班彪，因为他读了《史记》，很仰慕司马迁，写出这么好的历史文学作品，自己也就发愿继续把这《史记》往下续，他就写汉朝的历史。他又搜集很多资料，努力写作，很可惜他是英年早逝了。这部作品没有写完，他 52 岁就去世了，那班彪的儿子班固因为从小受到父亲的熏陶，所以学识也都很渊博，就发愿继承他父亲的遗志，要把这本《汉书》写完。在这当中也是几经挫折，因为他不幸被朝廷里面的小人陷害，被判坐牢，但是班固在牢狱里面还继续写作。后来皇上就把他释放出来了，他就继续写。也是没写完，班固也去世了。没有办法，班固的妹妹班昭，她也是一位很有学识，很有见地的女子，她继承自己父兄的事业，继续努力，最后终于完成了《汉书》，所以我们看到古人真是“善继人之志，善述人之事”！这是真正的孝。

所以让父母欢喜，要想到不仅是让他生前欢喜，也要想到父母在天之灵也要欢喜。我自己很幸运，有一个很好的母亲，她的言传身教都给我留下很深的印象。她常常都写一些赞颂自己父母，表达自己志愿的贺卡、信，都是写给自己的父母。目的也就是为了让父母能够欢喜。我想这里抽取其中的一封。我母亲在早年，这是在 30 年前，1979 年，她给她的母亲写过的一张贺卡，这是我们家里的珍品。因为我的外婆已经去世有 15 年了。这是我外婆 69 岁过生日的时候，当时正好是文化大革命之后，家里由于历史的原因，在文化大革命当中也遭到了一些挫折。因为我外公去了干校去劳动，我们都听过上山下乡，他在文革里面去劳动。他本来是大学的教授，所以家里就只是我外婆带着我母亲，很艰难地度过岁月了。

我母亲就写这张贺卡安慰我的外婆，她是这样写的："哪一朵葵花不向着太阳？哪一个孩子不热爱自己的娘？亲爱的妈妈，一个幸福的家庭，您是舵手，有了您，爸爸才有成就；有了您，哥哥、姐姐才能上大学；有了您，我的户口才能从农村转回城。您是我们幸福的源泉！您是我们成功的后盾！您是大北路之家的砥柱栋梁！"这是其中一段。户口转回城，大概只有大陆，至少是我们这一辈以上的才懂得。为什么？我妈妈以前是上山下乡的人，知青，户口就转到农村去了。要回城跟自己家人团聚是很不容易的一件事情，所以当时也是办了很久，才把户口办回来。从这一个细节，我们就看到，当时一个家能够团圆，就已经是人生很幸福的一件事情。长辈，外公外婆他们带着自己的儿女，能够在艰难的岁月里挺过来，确实精神的支柱非常的重要。我妈妈告诉我，说文革期间我们家楼上的邻居，她那位叔叔就吃安眠药自杀了，因为第二天要拉去批斗。所以度过那种岁月确实要有很坚强的精神支柱。母亲写这些贺卡的文字虽然是很平实，可是只有那一辈的人才能够体恤这里面的血泪心酸，还有那种感情、恩情。所以母亲常常就用这些方式表达对长辈的那种感恩，无形当中也就让我们学到了，潜移默化的力量确实是很重要，所以我们也是从小就学会过年过节这样的反思，反思什么？父母对我们的养育之恩，父母对我们的期望，从而能够更加立志，更加奋发。

所以在15年以后，1994年，我也写了这样一张贺卡，在我母亲生日的时候给母亲献上了，在这里也跟大家分享一下："亲爱的妈妈，在我眼里，您是母亲，也是菩萨！您对我无私无求的布施，给我衣物、财帛、吃穿用具，使我的血肉之躯，从无到有，从小到大。您教我风度礼仪，人情练达，办事思惟，人生规划。您领我走入佛法的殿堂，教我认识三世因果的道理，体悟宇宙人生的真谛。您赐给我智慧和力量，使我拥有应付命运风浪的勇气和能力，立志远渡重洋，求学深造。啊！亲爱的妈妈，您是位育我、教我的母亲，您是位度我、觉我的菩萨。您的恩赐不仅使我一生受福，还使我百生千生受福。这样似海的恩情，千生难以图报！您发愿往生西方极乐净土，我发愿为您做护法人，我要在世间取得大成就，以此来供养我最敬爱的菩萨妈妈！一九九四年元月二日”。这是15年前了，因为母亲对我的这种期望，是希望我能够在世法上取得成就，同时也要在出世法上取得成就。

这些贺卡，使我们在写的过程中，使我们在构思的过程中，就已经培养出那种饮水思源、知恩报恩的心，所以一直到现在，我们都保留着这种习惯。我们家里面有一个家庭文化箱，一打开，现在真的是感觉到，贯穿我们整个家庭文化的一条主线就是孝亲和知恩报恩。所以“养则致其乐”，养父母之心，养父母之志，要懂得顺父母，父母所希望的只要是善愿，我们必定要努力去做到。哪怕是克服自己的享受、欲望，能够牺牲自己，而能够成就父母的善愿，那我们都必定是努力去达到。所以孟子说“不顺乎亲，不可以为子”。做儿女，这个“顺”是摆在第一，这个顺做起来也真不容易！

我记得在大学时代，因为过去自小到大都是母亲精心的培养，所以可能在素质上面比同龄的人要好一些，学习成绩也不错，能力也比较强，除了搞好学习以外，还担任一些社会工作。像我当时是中山大学经济学社的社长，因为我是读经济系的。在大学里面，假如一个人这么出风头的话，自然就会有一些女孩子会关注，当时我自己确实也遇到这一种情形。有一个比我低一年级的女孩子，大概是对我也挺感兴趣，我对她也挺感兴趣，所以就走到一起来了，慢慢就产生了感情。现在看来，其实大学里面好像都已经司空见惯了，可是我们自己家教是很严格的。我母亲不希望在没有完成学业之前我去谈恋爱，她告诉我，我们这一辈的人，像她自己本人，还有我的舅父、我的舅妈，那都是过去高才生，而且学校当时是明文规定，在大学里面都规定，不准谈恋爱。为什么？影响学业。祖国和人民培养你，不是叫你去风花雪月的，是让你真正把书读好。现在没有这个规定了，而且读书都是自费了，所以这种风气也就开始糜烂出来了。现在不仅是大学、中学，甚至小学都有拍拖、谈恋爱的这种现象。这是社会风气在滑坡。其实一个人没有成熟之前，哪里懂得爱？

我母亲她后来了解到我的情况，我一开始还不敢告诉我妈妈，后来被她看到了，因为母亲是一个非常敏感、非常敏锐的人，什么都瞒不过她的双眼。她知道之后，当然她没有用那种雷霆万钧之势压过来，也没有像秋风扫落叶那样的激烈。而是跟我很和蔼的、很诚恳的促膝谈心，谈过好几次，给我开导思想，让我了解现在我们这个阶段，不是谈恋爱的时候，现在要努力学习，增长才智，将来才有真正的学问，有道德、有能力。大丈夫何患无妻！把这些道理都跟我讲清楚。她给我提了几条意见，把它写下来。

我在这里跟大家分享一下，她说："第一条，读书期间就是读书，不谈恋爱。完成道德，完成学业是大道理，是硬道理，其他都放在脚下；第二个，如果现在谈恋爱一定会分心，会影响学业、影响功课；第三，读圣贤书，要学以致用，格物致知，要把理智放在感情之上，格除欲望，不为男女之情所缠缚，专心致志，完成学业。"三条意见。我这一看，已经没有退路了，讲理讲事母亲都讲得这么圆满，你看这里特别举出圣贤之道。因为从小到大，也读过一点点圣贤书，对于这个格物致知的道理也明白。什么叫格物？格除欲望，格除物欲，什么欲望？财色名食睡，这五个欲望你把它格掉。真正跟欲望格斗不是容易的事情，那是咬紧牙关，去克服去战胜，那才能够致知！致知是什么？你的这个本性的智慧才能透出来。

所以在天理与人欲交战的时候，能不能够用天理战胜人欲，这看你是不是真干！这是真刀真枪。当时我经过一些思想斗争，终于接受了我母亲的这几条建议，把过去那位女孩子写的信都退回给她了，相片也退回给她了。她也很开明，了解我们的家教，也把我写给她的信退回来了。后来我就专心读书，一年之后我就很顺利地到美国去留学，实现我母亲对我的第一个愿望，出国留学。如果当时这个关过不了，那不仅是现在我不能坐在此地跟大家讲课了，肯定是出国留学都很不顺利。为什么？因为从古代我们就知道人考取功名，功名就是学位，你有好的功名好的学位，必须有德，这个德是什么？孝顺！而且要戒除欲望。把这些男女私情能够放下，这个人才能清高，才能够跨越，人生的福报也才能够增加。

所以“不顺乎亲，不可以为人子”！这个讲到顺，不是就这么简单的。真到真刀真枪干的时候，看你能不能顺。所以刚才讲了孝养父母的三个层次，孝养父母之身比较容易，像我们出来工作，有薪水了，养活父母不难。我给我父母，给他们的奉养也是完全足够，很丰富，他们生活绝对是没有任何忧患的，不仅是我的父亲母亲，包括我的爷爷奶奶都是这样。像前几年，我爷爷奶奶的故居因为要重修，所以要搬出来，我就特别在广州给他们买了一套房子，请他们住，还请了一个保姆来照顾他们。养父母之身，我们现在看来比较容易做到。只要你稍微有点福报，这个是不难的。难是难在养父母之心，养父母之志。父母希望我们做到的，我们要能做到。我的母亲对我什么愿望？前面跟大家报告过。她在贺卡里写着，希望我能够读到博士，希望我能够当个教授，这些我都能够顺从父母，也都做到了。

可是我母亲还不满足于这些，她希望我能够成圣成贤，这可不容易做到。所以我为什么要把工作辞掉，专心来干这件事情，这也是为了孝养父母之心，孝养父母之志而已！这是要一生的努力才有可能圆满。真正把孝道做到圆满，这个人就是大圣人。我们师父讲经也常讲，成佛了才是把孝做到圆满，如果你还是等觉菩萨，你还有一品的生相无明烦恼的习气未断，那你还是对不起父母，还没有做到圆满。要把所有烦恼断尽了，妄想分别执着断尽了，才圆满成佛了，你这个孝道才圆满，也才真正对得起父母！

所以《孝经》里面所说的这个道理，再跟佛法一结合，孝道真的是至深至广，其深无比，其广无边。我母亲对我的志愿，多次的在贺卡里面有所表达，这是一张很别致的贺卡，是1998年，12年前，我25岁的时候，母亲写给我，那时候我们都学佛了。她是这样写的，首先我们来看这张贺卡，它的意义就很特别，左上角是我母亲，下面是一个莲花胎，就表示我在胎盘里面在孕育当中，后来出生了，出生之后，有幼儿园、有小学，这都是我，到中学、到大学，然后到美国读书，念硕士，最后念博士，那时还没有完成博士的学业，我26岁博士毕业，那时是我25岁的生日。这底下是我跟母亲在万里长城上照的照片，代表前面的路还很长。

贺卡是这样写的："茂森儿，祝贺你二十五岁生日，回头看看自己的脚印，你反省了什么？你又领悟了什么？寄语茂森儿，不离佛法而行世法，不废世法而证佛法，完成人格，成就佛道。慈心精进，住真实慧，在生活中解脱，在社会中奉献。母亲写于一九九八年春"。这张贺卡当中，就给我提出了人生的一个很高的志向，父母之志，那要努力去完成。当我接到这张贺卡以后，我给我母亲回了一首小诗，表达了我愿意承担，愿意去实现我母亲的这个志愿，我是这样写的："亲爱的妈妈，新年好！每当岁月的年轮增加一圈，您对我的恩德又累高一层，而我对您报恩之心也加深一层。您像每一位母亲一样，对我抚育关怀，您又比其他母亲更注重对儿的栽培教化。养育我身，觉悟我心，树立我志。母亲的深恩，确如佛经所说无量无边。报效母恩，莫过养母之志，奋发图强，正为宽母之怀，儿一生将谨记母亲的教诲：不离世法证佛法，不离佛法行世法，立出世志，做世间觉悟之人！"

这个愿是发了，志是立了，但是回头看看自己的德行学问，就很羞愧，徒有其愿，徒有空志，现在是没有道德、没有学问。母亲的这个志向现在真的是还差得很远。可是"千里之行，始于足下"，我们毕竟也是在这条路上走。不离世法而证佛法，不离佛法而行世法，这个讲的是，我们在世间为大家做好样子，在众生群体里面做一个好表率，而又不迷染于这个世间，那才是真正讲到不离世法证佛法。

所以佛法跟世法是不二的，只要在这个世间你能够觉悟，念念不迷，做众生的好样子，你就能够帮助众生觉悟，也是自度，也是度他。出世之志，我们都立了，希望这一生求生西方极乐世界。在生命还没有结束之前，有一天的光阴，就为这个社会多做一点事情。要是时间到了，赶紧走，早点走比晚点走好，这是真的。这个世间苦难太多了。即使是说还有众生没度完怎么办？没度完也不要紧，乘愿再来度更好！所以永远要立出世之志，这样去做世间的事情就不会染、不会迷，你才能觉悟。否则在做世间的事情当中，很容易就迷惑了。特别是干我们这一行的，名闻利养是最容易得到的，这是说老实话。名闻利养一现前，要是出世之志根底不扎实，很容易就迷进去了。所以你看佛门里的祖师大德是怎么度众生的？他是有缘找来的时候，我们就伸手帮助一把，没有缘分，绝对不出去攀缘，现在最重要的是自度，自己能够解脱，然后你才有能力去帮助众生。

下面“病则致其忧”。这是讲父母、家里人得病了，一个孝子当然是最为忧患。为什么？因为父母跟我是一体，父母得病，如同自己得病，而且这种忧患更甚于自己得病。为什么？自己得病只是自己痛苦一点罢了，可是父母得病了，万一要是过世了，那我们想要报恩都没有机会了。所以孝子看到父母亲得病是非常忧虑，念念都希望能够把父母的病治好。所以看《弟子规》上讲“亲有疾，药先尝；昼夜侍，不离床”。父母有病了，一天到晚都守候在父母床前，帮助父母、照顾父母，直至病好。我们前面看到一位叫王希海的孝子，25 年不离床，这可不是容易的事情，“病则致其忧”，他真正给我们做到了。当然这个忧，不是只是一天到晚愁眉苦脸，哭丧着脸，不是这个意思。这是什么？内心里有这种忧虑，马上要去想办法解决问题，排除忧患，这才是应该做的。

报纸上登过一条消息，有一位年过半百的父亲，变成了聋哑人，因为药物中毒导致聋哑，像这种情况，医学上是没办法帮助治疗的，他只能用手语来跟外界交流。结果他的女儿为了帮助父亲，看到父亲因为聋哑很痛苦，就立志一定要把她父亲的病治好，帮他重新能够说话。很多医生觉得这是不可能的事情。但是这个女儿矢志不渝，十多年每一天都在帮助父亲，每天她工作完了之后，花一个小时教她父亲讲话，发音，而且不断地用各种道具来帮助她父亲，每天就像做功课一样，天天都不断。结果她父亲学到最后都没信心，不想再学了。女儿看到父亲退缩，就放声大哭。父亲被女儿这种执着的情感感动了，于是下定决心，一定要学会讲话，不学会讲话，誓不为人。这个愿心发出来以后，学得特别的用功，结果14年以后，她的父亲真的学会了说话。这是在训练语言的理论方面是一个大的突破，很多专家都大跌眼镜，竟然年过半百，中途变成聋哑的人，能够最后学会讲话，这是一种奇迹。这个奇迹的产生，始于女儿的孝心。因为有这个女儿那种锲而不舍，帮助父亲的这分孝心，感动了她的父亲。冥冥当中这也是上天保佑，出现这种奇迹。所以人以善感，天以福应；人有善愿，天必佑之。奇迹是可以创造的。只要我们有真诚心，没有做不出来的事情。

我记得我的父亲在八年前，2001年年初的时候，患了脑瘤，是一种急性的瘤，它是长在脑袋的中部，中央的部位脑室里头，而且瘤长得很大，像鹌鹑蛋一样的大。当时我还在美国教书，立即就赶回来，看见我父亲的视力已经模糊，为什么？因为这个瘤压迫脑的视神经，而且手脚都已经动弹得不是很利索，都是压迫他的神经。当时我回到广州，立刻去找那些有关的专家，找到我们广州市最好的一位脑外科医生，他刚好是我姨妈的大学同学，我姨妈是中山医科大学毕业的，她的这位同学都是几十年开颅的专家，请他来动手术。因为不动手术可能很危险，先要切除，切除之后，也不能把它切除干净，因为切除干净怕又损坏到周围的那些神经，只能切除中间那一些主要的部分，其他部分就用伽玛刀，用那种伽玛射线去把它扫除干净，这个治疗起来还是很复杂的。

当时我记得我父亲做手术之前，我在鼓励他，我说："爸爸，你要相信佛！现在是来考验了，过去的这些业障现在现出来了，我们要把它消掉。求佛感应，就会不可思议，你要念经念佛。"结果他当时就发奋念《无量寿经》，在手术之前一天，从早到晚念了11部《无量寿经》。我们如果念过《无量寿经》的都晓得，至少一个小时念一部，所以他用11个小时念经。当时推进手术室做手术，我就在手术室外面念观世音菩萨。这个手术本来是要大概6～7个小时才能做好，结果没想到4个小时他就出来了。那医生看到他的脸色也比较放松，我就问医生，现在手术怎么样？他说，还算比较成功。那我又请教医生，我说，“像我父亲这个样子，患这种脑瘤的，大概还有多少寿命？”我单刀直入问他，医生就告诉我，按照他的经验，像这种情况，做完手术之后，一般不会超过3年，人就要走。当时我听了心里怦怦跳，想到3年之内怎样帮助我父亲。如果寿命真到了，要帮助他往生净土；如果他真正能改造命运，寿命也能增长！所以一直就比较注重导引他学佛，导引他断恶修善，破迷开悟这方面。

结果没想到，现在已经8年了，他身体还算不错，每天还能绕佛、拜佛。而且做完手术之后，因为没有什么太大的副作用，一般来讲做这种手术，很常见的可能是变成半身不遂。因为做手术难免会碰到什么神经，一碰就完了，脑神经太细了，一碰的话就哪儿就动不了了，半身不遂是常有的，竟然他没有什么事情。而且寿命已经超过3年，两倍都不止，所以我们都感觉到，这真的是人以善感，天以福应。只要我们能够认认真真地以至诚心去帮助自己的父母，会有意想不到的结果。

我们走上圣贤教学之路之后，这也是出乎我意料的。在广东有一个道场，他们很支持、很护持我。知道我走上这条路，也知道我父亲身体不是很好。就说，你就来我们这道场来，让我父亲来，说我们这个道场是专搞临终助念的，绝对保证人能往生的。确实是很难得，而且真的我父亲后来过去住，在道场里面大家照顾他照顾得很好。去年年初的时候，他过去了，过去之前，也是因为脑瘤复发，一下子手脚都不能动弹了，当时我还真的以为要准备助念了。他说，好吧，送我去道场。结果第二天，他们道场组织了十几个人，从早到晚给他读《地藏经》，读了9部《地藏经》，立竿见影，马上他手脚就能动，也能讲话。当时还事先想过还要不要做手术，做手术医生说危险性很大，那我就劝我父亲说："你就信佛。"结果后来，到了道场之后，好起来了，你看一年多了，又没做手术，现在也挺好的。绕佛、拜佛、念佛都没问题。所以真的是，我们走这条路，要相信我们师父讲的话，只要你发心为众生，佛菩萨、老祖宗会照顾你，照顾你的家里人，比你自己照顾还要更好。

现在我们愈来愈有信心，身家都能够放得下。为什么？不用自己操心！你不操心反而照顾得更好，你操心那他们就不操心了，你自己操心就好了。当然这不是说我们就不管了，不是这个意思，是你自己要更加精进努力地在圣贤之道上去走，你帮助社会、帮助众生。以这个功德回向给自己父母，他们真正能得到。当然这个也是要有因缘，什么都是要有这个缘分，缘分成熟了才行。像我父亲到这个道场去修学，这也是我们原来意想不到的，他们主动找来的。现在我爷爷奶奶也出现同样的状况，我的父亲已经是68岁了，我的爷爷是91岁，奶奶88了，都在。爷爷奶奶一辈子做农民，在广州郊区。现在到晚年了我们是使尽浑身解数，终于让他们学佛了。难得他们也发愿要求生西方净土，可是问题在于，他们功夫不得力。

最近我爷爷在走路的时候，不小心，在家里走路也没有人去跟他走，他一个人走，结果从一个3米高的桥上面掉了下来，摔到了水里。一般的年轻人要是从这么高的桥上摔下来，都是骨头要折了。真的也是不可思议，马上送到医院去检查，竟然没有骨折，只是头破了，缝几针，休养休养，我们都觉得这事不可思议，这暗中肯定都是有佛菩萨在护持。但是这个让我想到什么？老人家必须有人照顾，因为他们现在两个老人在一起生活，家里请了一个保姆，要照顾他们。可是保姆又没有学佛，当然也不是很知道怎么照顾人，现在找一个好保姆都很难！为什么？都不学《弟子规》了。我就想，没人照顾，又找不到人照顾，那我就自己照顾吧。因为我们没有要攀缘的心，什么事情绝不求人，也绝不开口。所以我自己发愿，从马来西亚回去之后，就跟他们生活在一起，我的习讲暂时放下，跟他们生活在一起，给他们做饭，给他们洗衣服，帮助他们念佛，护送他们往生，尽最后的孝道。因为我是长孙，我父亲是长子，我是长孙，理应要做。

结果也没想到，有一位居士非常热心，知道我有这样的心，我跟师父也做了报告，师父当时也没说什么，他是意味深长地说："你好好地求佛菩萨来加持你，你就会有不可思议的情况发生了，真正很多事情比你预料的要好。"我不知道师父是看到了什么，他这么说，那我就每天求佛菩萨加持。结果真的有一位热心的一位居士护法，他就发心说，"这样吧，你就来我们这边，在我们这边给你租一套别墅，别墅几层楼高，我们这里正好有几个孩子，都可以帮助你来一起照顾老人，除了你自己照顾以外，还有孩子们帮忙，也让孩子们例行孝道，你每天可以继续讲课（现在因为我讲课都是对着摄影机，不需要有听众，只要有个房间，有个录像机，讲课可以不断），同时也可以教教这几个孩子，你讲课他们来做听众，一举两得。"我说"这很好！"所以我准备这次马来西亚回去就隐居起来了。好好地为老人家尽尽孝道。因为我曾经请了一位很好的中医，给我爷爷把过脉，他告诉我，你爷爷注意第三个月，这话是上个月讲的，所以我想这最后尽孝的日子，而且对他们两位老人现在是最关键的时刻，一定要护持好。

所以讲完这个《孝经》，同时也是对自己的激励，"病则致其忧"那是真正要去落实到行动，为自己父母、为自己的老人排忧解难，让他们真正离苦得乐，让他们能够在这一生，不仅这一生离苦得乐，生生世世都离苦得乐。那你这个孝道才算尽得圆满。那往生净土就真正永远的离苦得乐。古德说："父母离尘垢，子道方成就。"父母真正跳出六道轮回了，了脱生死了，你为人子的孝道，才算是成就。父母还在六道里受苦，哪怕你这一生对他再尽孝，实在讲，他来生还是要受苦。所以这讲到佛法，尽孝才能尽得圆满。

下面一句讲"丧则致其哀"，人总有要走的一天，我们的父母也不例外，父母走的时候，孝子极其的哀痛。为什么哀痛？孝子念念想到报父母之恩，可是现在，恩还未报，父母就离我而去，真的是古人所讲的“树欲静而风不止，子欲养而亲不待”。父母不等我们。过去是没有能力奉养，那现在有能力了，父母却要走，所以孝子当然是十分的哀痛。哀痛得饭也吃不下，睡也睡不好。《弟子规》上面讲“丧三年，常悲咽。居处变，酒肉绝”。父母走了，三年之中孝子常常悲痛流泪。“居处变”，就是他的生活起居不再像以往那样。他睡大床，觉得不舒服，生活的享受，他觉得不忍心去享受。为什么？父母的这种哀痛已经让他对什么都不感兴趣了。所以古人是守灵三年，居处变，不住在家里，去守墓，在坟墓旁边搭一个小庐，小茅庐，搭个茅蓬，在那里住三年。三年当中做什么？日夜常思父母恩德。酒肉都杜绝了。为什么？酒肉，这都是享受！不仅是享受，那肉是因杀生而来。自己已经体会到失去父母的那种悲痛，怎么能够忍心让那些动物有失去父母的那种痛苦。那杀生必定是杀害了这些动物，它们也有父母，也有儿女。我不想得到这种痛苦，怎么忍心让别人、让其他众生去有这种痛苦？所以这是因为孝心而感发出来的慈心。

我记得我的母亲带着我，在我外婆最后的那段日子里面尽孝的时候，我的外婆也是到晚年，她是84岁走的。晚年的时候也是大小便失禁，所以我跟我母亲就常常给她洗屎尿的裤子和床单。而且当时我们也学佛了，所以我就常常在老人家床边给她读《地藏经》。那么老人家读经声音读不出来，我就把经本给她看，我在旁边读，她就听着我读，看这个经文，等于是跟我一起读。到她最后临走的前一天，她头脑还是很清醒，那时候，我刚好在大学里是一个礼拜天，就让她看着这个经，我跟她从头到尾读了一遍，一起读了《地藏经》。当时心里觉得特别的清净，我就觉得跟自己的外婆好像有一种依依不舍的感觉。之后，第二天中午，我外婆就往生了。她往生的时候，我母亲正好守在身边，给她念佛，她是含笑走的。结果她一断气，我母亲马上就Call我回来，我回到家里就跟我母亲两个人就开始助念，就是给她念佛。因为8个小时之内，不能动她的身体，一定要念佛。一直给她念，念了一个通宵，给她盖上陀罗尼被。到第二天一早，陀罗尼被掀开的时候，发现她满脸的那种微笑。我母亲说从来没看见她笑得这么灿烂，身体非常柔软，头顶微温。

她之前听过我们师父的录像带。《无量寿经》她只读过一遍，读完之后，她问我妈妈，“极乐世界真的这么好？”因为她是懂文字，也学过老学的人，她看古文没问题，她说真这么好？我妈妈说：“是啊，是这么好！”当然我妈妈也不太清楚，但是很坚定的跟她讲，是这么好！后来她往生的时候，你看这么自在。往生以后，我们大家，我跟我母亲把她所有的这些钱财、物品统统拿去布施，放生、印经、捐献那些救济的什么灾民、希望工程，反正有好事就去做，统统布施光。而且我们自己也拿出很多的钱出来给她做功德。完了之后，到第三个礼拜的那天，就是三七，她走的第三个礼拜，我就梦到跟她在一起。我外婆告诉我，说“我要往生到极乐世界去了，你来给我念阿弥陀佛吧！”我一看，您要往生极乐世界，太好了，我马上给您念佛。我就在梦中给她念佛，阿弥陀佛、阿弥陀佛……念得很大声，把自己都吵醒了。醒来一看表，是凌晨 3 点钟，这个时候我想想，可能是我外婆来给我报个信，她回归善养了。后来有一位气功师，大概有一点天眼的功能，他看到我说，“是不是你最近有一位老人刚去世？”我说，“是，你怎么知道？”他说：“她现在很慈祥，在一个莲花的世界里面，她现在就在你头顶！”我说，是吗？我拿个相片给他看，是不是这位？他说，“正是正是”。他也不认识我，就说出这个话。我们想想跟《无量寿经》讲的还相应，到极乐世界，她可以化身到十方世界度有缘的众生，暗中加持你。

所以这是谈到“丧则致其哀”，就是要如理如法的给他送终，能够让老人家最后非常自在、安祥的往生，这是尽最后的孝道。他安安祥祥地走，一定去个好地方，我们这个孝子之责才算尽到。痛哭流涕，扒着他使劲的喊，给他做人工呼吸，给他打强心针，把他折磨到最后，给他上刑，这样就不是真正的孝。让他安安祥祥的，就是西方人讲的，临终关怀。让他非常安祥的走。最好能给他念佛，帮助他往生净土，这是最大的孝。我们继续来学习《孝经 · 纪孝行章第十》。刚才讲到事亲这五个方面，我们讲到第四个方面，“丧则致其哀”。

刚才讲到孝顺的儿女，心里一直念着要报答父母的恩德。所以，当父母离去的时候就十分的哀痛，这是一种厚道。古人心里都特别的厚道，所谓是受人滴水之恩，都想着以涌泉相报。更何况父母对我们的这种恩德是无量无边的。所以，想到欲报恩而无门，就自然表现出这种沉痛哀伤。哀伤的程度往往会表现出痛哭流涕、捶胸顿足。这是本经最后一章，“丧亲章”里面讲的“擗踊哭泣，哀以送之”。“擗踊”就是痛哭到捶胸顿足。

当然这种痛哭，最重要的不要在父母遗体之前，可以在父母灵前、相片之前。如果是父母刚过世，最重要的是要帮助父母安祥的往生。痛哭最后，化悲痛为力量，帮助父母到最好的地方去，这是尽孝。之后，你愿意怎么哭就怎么哭，这个都可以。但是在送父母的时候，千万要注意，不可哭泣，不可搬动，不要在 8 个小时之内去碰父母的身体。否则，会让他非常的痛苦。这是临终关怀。那么，下面最后一句讲：

【祭则致其严。】

父母走了以后要祭祀父母。祭祀父母要有尊严，有庄严。不可以随随便便，流于形式，而应该发自真诚心，来给父母祭祀，这才叫做“致其严”。《弟子规》上面讲“丧尽礼，祭尽诚，事死者，如事生”。这个讲古礼，丧礼和祭礼都是极其重要。以礼行事，孔老夫子所说的，“生，事之以礼；死，葬之以礼，祭之以礼”。如果不按照这个礼去办，那我们即使是有孝心，也不能够很好的表达，而且会适得其反，要依礼行事才行。所以，要用丧礼、用祭礼。那么这个礼，不能仅只是个形式，更重要的是有诚心，所以“祭尽诚”。对于往生的人，父母虽然不在了，但是我们去祭祀他，如同他就在眼前。而且父母给我们留下的遗愿，我们要努力地去实现，这是“事死者，如事生”。在《孝经》末后，还讲到：

【为之宗庙，以鬼享之；春秋祭祀，以时思之。】

为父母建立宗庙、祠堂这一类，这是祭祀祖先的地方。一般在过去，大的家族，都有祠堂、宗庙。古代，天子、诸侯有宗庙。现在我们讲百姓，其实每一个姓氏的村落，他们都有自己的祠堂。我前不久回到自己的老家广州，是在罗岗镇，现在并入了白云区。回去朝拜了我们自己钟家的祠堂。我们现在家乡最早的祖先是宋朝下来的。他也是一个大官，因为被贬，所以来到南方。但是这是一个书香门第，以孝悌传家，一直传下来。所以到现在都已经是600多年的历史。祠堂、宗庙确实是教孝道一个很好的工具。我们的恩师这么多年来极力地提倡恢复百姓宗祠，恢复万姓先祖纪念堂。过去，每一家每一个姓氏都有自己的祠堂，可是因为祠堂遭到破坏了，现在要恢复每一个家族自己的祠堂不容易。所以我们的师父就提倡修百姓宗祠、修万姓先祖纪念堂。

万姓先祖是确实有24000个姓氏。这是在北京中国科学院的一位袁教授多年的研究成果。他汇集了在历史上中华民族曾经出现过的姓氏，出了一部《中华姓氏大词典》，现在总共已经收集了24000多个姓氏。有的姓氏已经不复存在，很多也是少数民族的姓氏。所以很多的字。我们真正看到中华民族真的是一个多民族，历史悠久的一个民族。2万多个姓氏现在都可以做成牌位，供奉起来。我这次到澳洲，跟师父一起参加了在布里斯班，澳洲净宗学会里面的万姓先祖纪念堂的开幕典礼，那里是供奉了最全的姓氏祖先的牌位，24000多个。

这是什么？一个是培养孝道的精神，“慎终追远，民德归厚”。人能不忘祖先，常常思念祖先，这就是让人心淳厚。尽人伦，存孝思，国家太平之根本。它也是一个凝聚中华民族、多民族的最好的一个方式。大家都知道，原来我们都是炎黄子孙。万姓先祖纪念堂正位上供着三皇五帝的牌位，也供着孔老夫子、老子的牌位。这说明什么？我们都是同根同源。“本是同根生，相煎何太急”。所有的对立、冲突都能够化解，什么矛盾都能够化解，大家要大团结。所以，万姓先祖纪念堂的意义非常重大。我们师父曾经有一篇文，讲祭祖的意义。末学也做了一个习讲。这是告诉我们祭祖的重要。

祭祀祖先以至诚心便能感通，这些祖先的灵就真能得到安慰。而且能够享受我们的供养。我们以我们真诚的心念，我们的孝行、孝心去供养他们。“春秋祭祀”这是讲一年要有固定祭祀的时间，“以时思之”去尽我们的孝思。春秋它是个代表，其实是讲一年春夏秋冬四时里面都应该祭祀。实在讲应该是念念不忘，当然活动这种形式可以定期举行一次。

我记得在2006年的时候，那时候还没退休，只是兼职去弘扬我们中华传统文化的时候，在世界各地都讲一个专题，叫《明道德知荣辱》这是什么？中国国家主席胡锦涛提出“社会主义的八荣八耻”、“社会主义道德荣辱观”。我们学习了以后，就做一个心得分享。我在分享的当中，强调这个八荣八耻都是现代的伦理道德，这个道德根本还是在孝道，“孝，德之本也”！所以把孝道落实了，八荣八耻才能真正落实。

我在讲的过程当中，就说了我有三个梦想：第一个梦想就是希望全国，从中央到地方都能够由政府主导，来评选十大孝子这个活动。“教民亲爱，莫善于孝”。我们提倡孝道的风气，去表彰这些孝子的行为，让大众看到之后效法，新闻媒体大量的去播放、去报导，这样真正能够带好社会风气。后来，果然我们也看到很多省份，还有市，乃至县，都在评这个孝子。我们看了也很欢喜。第二个梦想，我说，希望我们国家能够将清明、冬至这两个假日作为法定的假日，大家可以不用工作，干什么？回家祭祖。清明扫墓，冬至祭祖，这是从古到今的一个传统。因为很多的人都有这种传统。譬如说像广东潮汕地区，他们都有这样的一个传统。那么台湾更是了，清明都回家扫墓。因为要扫墓，很多人被迫，不得不去请假。如果老板不允许，他要旷工，还要受批评。你看做这样的好事，还这么难，那不如国家干脆提倡做法定假日，把这个日子定为大家祭祖，放假。第三个梦想，希望全国各地都能够开展像庐江汤池中心的这样的教学活动，办班教学和谐社会，三个梦想。过去，马丁·路德·金只有一个梦想，我这有三个梦想，梦想倒是挺多。

那么讲了这个专集，后来有中央党校的一位领导看到了，中共中央党校是专门培养国家接班人的，看到之后他也很欢喜，因为他们也正在推动学习“八荣八耻”。于是，就把我讲的这个光盘在他们中央党校的闭路电视台里面播放，给全国各级的党校来作为学习参考。之后，他说现场的录像有点可能不太清晰，所以又让我到北京录像棚里面又录了一场，录了5个小时“八荣八耻”的学习报告。把它们挂在中央党校的内部学习网上面，只有这些官员们能够看到。结果后来没想到，这是讲的是2006年的事情，2008年国家真的把清明节作为法定假日。我们也是非常赞叹欢喜。

国家能够从善如流，能够提倡孝道，提倡祭祖，这种风气能够带动起来，那确实国家是非常有希望，和谐社会确实这样下去不难构建。所以祭祖不是封建迷信活动，不是说在祭祖当中求祖先来保佑，给很多血食供养，来希望祖先能够保佑我们这个家庭，这种想法是迷信。祭祖真正的意义，就是不忘祖先之德，常常想到自己要做好人，“立身行道，扬名后世”，光耀门楣，这是祭祖的真正含义。至于说我们真正能不能得到保佑、能不能有好运，那要自己断恶修善，“积善之家，必有余庆”。你想要好，那就积善修德，自然就好。不是什么祖先保佑问题。所以祭祀意义重大。

我自己跟我母亲在家里都有祭祀。因为现在我们这个社会生活愈来愈拥挤了，土地愈来愈少，不像过去都是土葬，所以都能有一个山地可以安葬自己的祖先，每年可以去扫墓。我们现在没有办法土葬，只能火葬。而且骨灰可能要不就供在家里，要不是专门供在一些骨灰安放的场所，只能去那里扫墓。所以只能在家里祭祀。像我的爷爷一辈子，几十年如一日，每年都去扫墓，给我们做出很好的榜样。他自己的父母很早就过世，但是他每一年都必定带着自己的儿孙去扫墓。我还记忆犹新，我以前在国内的时候，每到祭祀的时候，就跟着我爷爷，跟着我父亲、我的几个叔叔，扛着锄头，上山去，广东人叫拜山。拜山就是祭祖扫墓，到祖先的坟前，把草锄干净，点上香，点上蜡烛，那时候，还烧点纸钱，供点供品，每年都是这样。小的时候，就没觉得这个活动是什么样子，现在学了传统文化，想到为什么我爷爷到晚年，还挺有福报？人家都赞叹说，“你有个好儿孙，这么孝敬你！”他有好儿孙是果报。因在哪里？因是他自己修的。我想想，最大的善因就是年年祭祖，几十年如一日，没有间断过。这种孝心，难能可贵，感得儿孙对他也尽孝。所以我爷爷虽然没有什么文化，只读过小学三年级，是个农民，身体到晚年都算是保持得不错，现在还能走路，自己生活也能够自理。那么这些都是福报。福报要真修，人能够行孝，这是最大的福报。百善孝为先。所以我跟我母亲在家里，也是祭祀。

但是，现在学了传统文化，学了佛之后，我们祭祀的形式，就跟原来的不太一样，现在的祭祀我们都用素食。按照印光大师的提倡，用素食祭祖。同时，我们在祖先灵位之前，念经、念佛，回向给他们。如果是在寺院，在道场，我们一起参加一堂法会，回向给他们。这些都是尽自己的孝思。祭祀的形式，到现在古礼已经不复存在了，那么，现在我们用这种适合于现代、适合于我们生活，这样的一种礼仪，关键是表达我们那种纯孝的心。这是“祭则致其严”。我们回到《纪孝行章》的经文里面：

【五者备矣，然后能事亲。】

这里讲的五个方面就是“居则致其敬，养则致其乐，病则致其忧，丧则致其哀，祭则致其严”，这五个方面都要做到，“然后能事亲”，这才能叫做事亲。所以尽孝不容易！这五个方面都要做到。而这五个方面都有一个“致”字，居要致其敬，养要致其乐，病要致其忧，丧要致其哀，祭要致其严。这个“致”字，是说明我们要尽心尽力，尽心尽力才叫功德圆满。如果有丝毫的懈怠的心、不以为然的心，只讲一个形式，没有真正的孝心出来，这个“致”就不能称得上。所以，能够如此做到，才叫做尽孝，对父母尽到孝心。五种之中，其中有一个做不到，就不能叫做事亲。换句话说，就是不孝。好，下面经文说：

【事亲者，居上不骄，为下不乱，在丑不争。】

一个真正有孝心的人，他必定会做到“居上不骄”，就是他在上位，他也绝对不会骄慢。他在下位，他也会恭恭谨谨地侍奉长上，而不会乱，就是不会乱来、不会放肆，更加不会叛乱。“在丑不争”，这个“丑”当众字讲，就是处众，在众人那里，他不争，不跟人竞争，就是能够跟一切人和睦相处，能够礼让、谦让。那么这种人，就是一个孝子自然所具备的三个方面的德行。

首先我们来讲“居上不骄”。人傲慢是非常自然的，是与生俱来的烦恼，不用人教，自然他就会。为什么？过去生中的习气。那傲慢从哪来的？从有个我来的。有个我，佛法里讲，自然就带着四种烦恼，所谓我见、我爱、我痴、我慢。我见是什么？有我的见解。那么这个见解是错误的见解。为什么？宇宙本来一体，根本不会有我。不会有我，也不会有人，没有这种人我的对立。所以真正的我就是整个宇宙，分不出跟人对待的那个我出来。那有了这个错误的见解，是什么？迷了。迷了以后，忘记了自性，忘了，迷失了。以为真的有一个我和跟我对待的人，结果就出现了种种的烦恼。我见产生以后，紧接着我痴我慢我爱，你看这三种是贪瞋痴。我爱是贪，凡是属于我的，我都要。我的身体它执着，我的财产它执着，别人的东西都要把它据为己有，这是我爱。

下来是我慢。我慢是傲慢，是属于瞋的烦恼，瞋恚当中的一分，认为别人不如自己。有一点点才华，有一点点能力就觉得了不起，傲慢。那这个贪瞋都是痴来的，我痴。因为不明了宇宙人生的真相，不知道宇宙本是一体，在里头妄生人我对待，妄生对立。在这种妄念当中生起贪瞋痴慢，从而造损人利己、自私自利的事情，造业。造业就受果报。人生生世世就干这个事情，轮回受报。

所以，你看只要有“我”在，这四种烦恼常相随。所以，你说“我没有傲慢”，不可能。你说“我没有傲慢”，你看你有个“我”，怎么会没有傲慢！只是说傲慢大小之分而已。儒家讲“傲不可长”，你出生肯定带傲慢，不要再让它增长了，能减少就最好。佛法里说我慢要断。怎么断？把我放下，就断了。用什么断？对治傲慢要用谦卑，处处都要谦恭，对别人，让别人在上位，我在下位。哪怕自己的位置很高，也都是谦恭有礼。

我们来看这张中国国家总理温家宝的照片。他在一次对听众的讲话当中，向听众鞠躬、微笑。他说：“感谢人民对我的信任，我是一个很普通的人。”你看这种谦虚和蔼的态度溢于言表，“居上不骄”！上位，乃至身为总理，依然的都要有那种谦卑恭敬人的态度。为什么？本来众生是一体。既然是一体，有什么可骄慢的？你坐那个位置上本来就要做这个事情，你就要为人民服务。你不为人民服务是不应该的，为人民服务也是你的本分，没什么值得骄傲。所以我们认识到我们跟一切众生是一体，这慢心才能够去除。就像我们的身体都是一体。头也不会觉得它很骄傲。它居在上位，也不会觉得骄傲。为什么？如果光有一个头，没有手足，不行！如果没有五脏六腑，也不行！把头砍下来，生命也是完结了！所以没什么可骄傲的。大家是分工合作，只有分工不同，没有高下之分。所以上至总理，下至一个街道的清洁工，平平等等。

你这样一想，“居上不骄”，哪来的骄傲？而且居上位的人责任更重，更需要谦卑。“谦受益，满招损”。你谦卑，才能够把事情做好。如果骄傲，一定会导致失败。古人都讲骄兵必败。孔老夫子说：“如有周公之才之美，使骄且吝，其余则不足观也。”周公是孔老夫子最佩服的人，圣人！他说，如果你有像周公那样的才华和道德学问，可是如果你还傲慢、吝啬，“使骄且吝，其余则不足观也”。那些道德学问都是假的，不是真的，其余的都不用看了。这说明什么？像周公这样的人，都不可以傲慢，更何况我们凡夫、普通人？

周公是一个非常谦虚的人。记载上讲他，所谓“一沐三握发，一饭三吐哺”。他在沐浴洗头的时侯有人来找他。结果他怎么办？头洗了一半，还湿湿的，可是人家来找。“父母呼”怎么样？“应勿缓”。头发湿了也得去跟他见面。所以把头发一挽，立刻就去见人了。结果人刚走，他继续洗头，洗了一半，又来一个人，又得把头发一挽去见客。如是三次，洗一次澡就得去见三个人，就是“一沐三握发”。

这“一饭三吐哺”。大概是因为他也是总理级，他不是天子，但他是周公摄政，他要处理朝政，日理万机，很多人找他。吃饭吃了一半，那饭还嚼在嘴里，有人来找他，怎么办？马上把它吐出来，去见客。如是三次，所以“一饭三吐哺”，这是体现周公的谦卑。真正把《弟子规》“父母呼，应勿缓”做到了。他视一切人都是父母，所以父母来找，赶紧就得去见，去处理问题。这就是“居上不骄”。

我们再回到经文，“居上不骄”底下“为下不乱”。这是做臣下，属于像公司里的员工，政府里面一般的公务员，或者是学校里面做学生，凡是属于被领导的人，最重要的是不能乱。这个乱就是扰乱，把事情给扰乱。为什么会扰乱？因为，他还是有傲慢。他认为自己了不起，自己有一套，要用自己的见解，用自己的做法，结果把原来的计划也就扰乱了。本来领导制定的计划，那么下属理应该遵从。不管你有没有更高的见地，你首先就得服从。当然你可以建议，但听不听是老板的事情。老板听你的，他会改变那个计划。老板要是不听你的，那我们就得遵从。反正老板要负责任。所以上位的人，他有他的责任。在下位的我们就要学会服从。这就不乱。最怕是什么？不服上面，自己来一套，这就搞乱了。

所以一个企业，如果员工不服从老板，那么这个企业就乱了；一个学校里面，如果学生不服从老师，这也就乱了。或者老师不服从校长，校长制定的教学计划，一年的年度计划，老师要配合。因为老师对于校长而言属于被领导，君和臣之间的关系，君是领导，臣是被领导。臣要忠于君，要服从于君。那么一个国家也是，政府有各级的领导，下级必定要服从上级，这个国家的政策才能够顺利地推行，才不至于乱。所以首先我们要学会顺从。这个顺从是在家里面从孝顺双亲开始。把这个心学好了，都有顺从的心了，到哪里都能够学会顺从。

我的母亲，过去我在美国读书的时候，她给我写信，电话里都叮咛我“一定要学会服从。服从你老师的安排，服从你自己博士导师的安排”。他叫我们做什么就做什么。虽然有些时候不一定完全能够理解自己的长上有些什么样的计划，但是只要是服从，那这个结果就好。所以我大概从小到大都比较听话，在家就听爸爸妈妈话，在学校听老师话，那留学了，我跟我的博士导师，跟着他，我也很听话，他叫我做什么就做什么，他也觉得跟我相处很好。人总是希望多服从，喜欢能够比较顺着自己的意思的人。这样你的关系，你的君臣之道就能够处理得好。结果，服从的人自己首先得很大利益。为什么？你通过随顺他的安排，你就能了解了，你就能学到了，这研究该怎么做，论文该怎么写。你这一套掌握了以后，自然你自己也就可以做你自己的研究，你有自己的工作安排。所以我们每到一个新的地方，每跟一个新的领导，我们先顺从他的意思，至少要把他的这一套掌握清楚，我们才有资格说要不要改善。这些都是君臣相处之道。这是先要有恭谨，外相上才能表现出服从。“在丑不争”，这个“丑”，就是在众人当中千万不能争。

【居上而骄，则亡。】

如果在上位骄慢，譬如说一个国家领导人，他骄横，刚愎自用，自以为是，不能听别人的劝谏，他最后肯定是灭亡。可能是身败名裂，甚至可能搞到国破家亡。历史上这种见证太多了。譬如说商纣王，他就是刚愎自用，不能听劝谏，甚至像他的一些大臣，忠臣比干，给他进谏，他把人家的心肺都挖出来，这种人一看肯定是灭亡。那么，在下位的人，如果乱了“则刑”。刑是什么？受到处分。刑是刑法，受处分。如果情节严重的可能就要坐牢，甚至有灭顶之灾。

“在丑而争”，如果在众人那里去争，竞争升级就是斗争，斗争升级就变战争。这个“兵”就是战争，用刀兵、用武器相斗。所以争的结果都是两败俱伤。实在讲，“一饮一啄，莫非前定”。我们的生活受用，不是靠我们争就争得来。我们不争，该有的，“命里有时终须有，命里无时莫强求”。了凡先生给我们做出这个好榜样，他就不争。不争，他该有的还有！所以君子乐得做君子，小人冤枉做小人。小人去争，争到的，还是自己命中该有的。真的，这就是因果决定的。假如我们命里有财，不管用什么方式，那你都能得到财。命里没财，你去偷去抢，那试试看，看你能不能偷到抢到。可能还没偷到抢到，就被警察给抓起来了。“在丑而争”的兵就受到刑罚的处分。所以：

【三者不除，】

这“三者”讲的是“居上而骄，为下而乱，在丑而争”。这三个方面，如果不把它去除干净，还留有一些的话，那么：

【虽日用三牲之养，犹为不孝也。】

虽然你用“三牲”，“三牲”是讲牛羊猪三种畜生，来养自己的父母，就是好酒好肉来供养父母，这个“犹为不孝也”。这还是不孝。为什么呢？如果居上而骄，你就会灭亡！你灭亡了，怎么能够说是孝亲。可能会连累父母，连累家里人。在古代刑法里面还有株连九族，那哪是孝？现在，虽然没有株连九族了，但是一个人，他如果骄慢犯错误，他受到的刑罚的处分，也让父母蒙羞。所以在下如果乱，在丑而争，这些都会导致危险，甚至丧失性命，破家亡身。这都是不孝！所以要尽孝，修道德仁义是必不可少的。如果不肯去修道德仁义，只是任着自己的性情，去孝敬自己父母，那肯定做得不圆满，还会有很多的问题会发生。所以尽孝必须修身。《孝经》非常强调这方面。所以整部《孝经》就是谈如何修身。你不修身，怎么可能尽孝。

我记得我第一次见到师父上人，跟他老人家面对面交谈，那次是1997年，在达拉斯。那么之前因为我听师父讲《发起菩萨殊胜志乐经》，听得很感动。这经里面真的处处让我们检点自己，我知道自己原来很不孝，所以忏悔自己的过失。如果不用经典来对照自己，自己还以为自己满不错的，一用经典对照，自己就变得一无是处。所以当时，我痛哭流涕之后，发了九条孝愿，来孝养自己父母，忏悔自己的罪业。我把九条孝愿写好之后，给自己妈妈寄了一份。妈妈看了也很感动，跟我打电话，她这种感动是因为欢喜的感动，哽咽着在电话那边跟我说（那时我还在美国留学），她就跟我说："你发了这个愿，要好好的去护持。你见到老法师以后，把这九条孝愿也读给他老人家，请他来指点你该如何去落实。"

我听了妈妈的话，就跑到达拉斯，拜见我们师父，当时就找了一个机会，请师父来听，我给他读了一遍。师父听完之后，说了两个字："难得。"我就向师父请教如何能好好护持这个愿，能够把它落实。师父就告诉我："要认真学佛。"讲了五个字。当时我听了以后，真正感觉到如果没有真正的修行，确实你只是空有孝愿，你不能够成为一个真正的孝子。当然到现在，这个愿，我自己检点了，还是没有完全做到。可是总比12年前，要进步多了。这个进步，就是自己修心修身的进步，在格物致知，在诚意正心上的进步。那你才真正把孝悌这个愿望落实。所以这里非常注重修身。

如果不修身，只用物质去供养父母，“用三牲之养”，三牲在古代算是很好的供养，杀猪、宰羊、杀牛，供养这些肉。古代吃肉不容易，现在吃肉就容易。但是实际上用肉供养，那等于害父母。现在我们都晓得，听听周泳杉老师讲的“健康饮食”就知道了，这是害父母。所以“用三牲之养”，本身就是不孝。害父母，那怎么能称为孝？让父母吃肉可能会得病。同时让父母造业、杀生。这都是对父母大不敬、大不孝。那么这里是引申什么呢？用很好的物质供养，给自己父母能够买个洋楼，买名车，每个月供养很多钱。可是如果刚才这里讲的三种没做到，“居上不骄，为下不乱，在丑不争”，没做到，还是不孝。所以从这里看到，修身就是法供养。法供养重于财供养，重于物质的供养。《普贤菩萨行愿品》里面，讲到供养，一切供养中，法供养最，最殊胜的就是法供养。法供养里面七种，第一个就是如教修行供养，就是我们按照古圣先贤的教诲，认真的修身。这是真正的供养，跟这里讲的道理是一样的。

第十一章　五刑章

【五刑章第十一。子曰："五刑之属三千，而罪莫大于不孝。要君者无上，非圣人者无法，非孝者无亲，此大乱之道也。"】

这章经文很短，可是，里面讲的义理也是非常的深刻。这个"五刑章"，"五刑"是讲五种刑罚。在古代，这五种刑罚就是制裁罪犯的。用的是什么？所谓的"墨"，就是我们讲的在脸上涂墨，就是给罪犯写在脸上，说这个人犯过罪，给他脸上盖个印。这个印一生就留在罪犯的额头上。那么这种等于是让他一生都羞耻。别人见到，这个人曾经犯过罪，是坐过牢的囚犯。这是什么？对他的侮辱。第二种叫"劓"。"劓"就是鼻子的鼻，旁边有个立刀，就是割鼻子。严重的是把鼻子割掉，不仅是留个印，鼻子都没了。别人一看，这个人鼻子被割掉了，这是对他更大的羞辱。第三种叫"剕"，就是是非的非，旁边一个立刀，就是把脚给砍掉。把他脚砍掉了，不能走路了，这是一种更大的酷刑。第四种叫"宫"，宫刑，就是把生殖的器官给他砍掉了。这也是很大的羞辱。为什么？"不孝有三，无后为大"。这宫刑的人，就等于是废人。第五个是"大辟"，辟就是复辟的辟，偏僻的僻，去掉单人旁。大辟就是死刑。所以这五种刑罚，都是制裁犯人的。

这一章，专门讲法制、刑律。孔老夫子在这里说："五刑之属三千，而罪莫大于不孝”。这五种刑罚，它所属有三千条罪名，这是古代的法律。三千条罪名，依罪来论刑，看应该用哪种刑罚。定了三千条罪名，这三千罪名当中，“罪莫大于不孝”，不孝的罪是最大的。所以我们可以看到，真的是“百善孝为先”。如果不孝，这个罪是最大的。所以古代，他有一种所谓的亲权处分。什么叫亲权处分？如果父母到法庭去告自己的儿女，说他不孝。那当官的也就不用再问了，把儿女抓起来，马上判刑。这五刑，该印的印，该割的割。为什么？你父母都对你如此失望，要上法庭告你，去告官，你说你还有用吗？父母本来是最爱儿女的，父母都不爱你了，那你说，你配谁爱？这个社会上，你就是个渣滓了。父母说：“你把我儿子杀掉。”也不用问了，拉去就杀，砍头。这是“亲权处分”。这种刑法现在都没有了。现在是要经过律师辩论之后，最后法官再定刑。

当然我们先不评论这种亲权处分的好与不好，有没有流弊，但是我们从这里看到一种精神就是古代重视孝道。凡是不孝的人，那他的罪是最大的，遭到社会的唾弃。这里就是讲到“五刑之属三千，罪莫大于不孝”的意思。现在我们在法律里面，中外的法律，有没有看到专门给孝道立法的法律？好像没有。你说，婚姻有婚姻法，婚姻属于夫妻这一伦，但是父子这一伦没有。而父子这一伦是最重要的一伦，古代讲的，“罪莫大于不孝”。所以现在法律还不够完备。你看最大的罪都没有给它专门立法，来做制裁。所以有必要成立一个立法，就是专门给孝道制定法律，规定人应当履行的孝道的义务，配合伦理道德的教育，这大概是第四个梦想。就是把维护孝道上升到法制的高度，国家政府来维护。

不过，这个梦想不是我的梦想，已经有人在想。早在2004年10月份，在四川省有一名律师，叫李宗发，他当时就向人民代表大会（这是立法，就是法律通过的机构）提出了一份孝法的立法草案建议书。希望由国家来为孝道立法机关，把我们中华民族传统的美德用法律来进行保障，保护父母、老人的权益，规定儿女的义务。同时这个孝法的建议书里面还提到，凡是要晋升公务员的，就是你想要做政府公务员的，那你必须首先是一个孝敬的人，对父母要有孝敬赡养，那才能有资格做国家公务员。这是有点像古代举孝廉的味道。你想出来当官，必须先要做个孝子。大家都公认你，你有孝心，你孝顺父母，而且你廉洁。你才有资格出来，替国家人民服务，你才可能会忠！不孝的人必定不忠。忠臣必定是出自孝子之门。所以我们希望这个孝法能够在全国推动。不仅全国，全世界，如果每个国家都专门有法律规定如何去尽孝，那我相信会给社会风气带来很好的改善。就是要推动孝道，要多层面、多渠道去推动，不仅是要我们这些从事伦理道德教育的人，而且还需要国家政府来推动、保障。这事我们要多多呼吁！其实你不要认为，你在这里呼吁，没有人在听！会有人听。你讲多了，自然有这个因缘，就会有人去采纳。所以“教民亲爱莫善于孝，教民礼顺莫善于悌”。多用孝悌这样的道德仁义的教育，它会慢慢对社会产生改良。

我看到2006年12月18号，在中国光明日报有篇报导。光明日报是国家三大报纸之一。人民日报、光明日报、经济日报，这都是国家政府的一个喉舌，都是代表政府的声音。光明日报里面有个报导，说甘肃省、山西省等地这些政府都做出规定，说提拔干部不仅要看他的工作表现，还要看他的德，而且着重看他孝敬父母的表现，不合格者不予提拔任用，甚至还可以被一票否决。我们看到了很赞叹，这就是慢慢恢复孝廉的选拔。希望我们大家多多呼吁，各国政府如果都能够举孝廉，那和谐社会不难做到。所以这是讲“五刑之属三千，而罪莫大于不孝”。

那么这句话，我们可以从另外一个层面来看，就是罪莫大于不孝。那如果犯了罪，用什么来感化、来改造他们？如果用孝道是最容易。这个在中国海南省海口监狱已经做了成功的试点。那些服刑人员，本来都是冥顽不化。但是学了《弟子规》听了孝道的这些故事、这些道理以后，转变了180度。要知道改造犯人是很不容易的，你去问问那些司法部门，都在摇头。一般犯人进了监狱再出来，重新做人的少！经常都是再次会犯罪，而且犯罪的手段会更高明。为什么呢？因为他们进了监狱以后，这些囚犯们就互相交流经验，你说你怎么犯的，我怎么犯的，大家都学到了，等于在那里面开研讨会，出来犯罪手段更高明。这是很麻烦的事情。

可是海口监狱改造犯人，用最根本的德行——孝道。譬如说有一个犯了贪污罪的官员，他在没有读《弟子规》之前，还很傲慢，因为他原来是当官员的，有文化，又有水平。可是读了《弟子规》，听了孝道的故事。我们庐江文化教育中心的一些老师，在监狱里面去教化他们，当时蔡老师也去了。一起教导这些服刑人员。真的让他们感动，痛哭流涕。后来海口监狱放风，让这些囚犯回家。服刑人员回家跟亲人们团聚一下，用亲情让他们更加能够得到感化。结果这个服刑人员，就是犯贪污罪的这位官员，回到家里，看到他的老母亲很忧郁的样子，自己内心觉得很惭愧。整个晚上睡不着觉，拿起扫帚就在院子里扫扫落叶。可是当他扫完以后，竟然发现他母亲就坐在门口，也不作声，就这样子默默地看着他扫。他自己心里很震撼，为什么？因为几十年了，从来没有给他母亲扫过一次地，现在从监狱放风回来，给他母亲扫扫地。他母亲还噙着眼泪看着他，结果这个服刑人员看着他母亲这样，惭愧啊，内心里心潮起伏，眼泪就禁不住掉下来。你看这种教诲把人的天良唤出来了。像这样的人，他服刑期满以后，再出来，保证他不会再犯罪了。为什么？因为人的良心发现了。孝道能够开启人这个本性、本善，开启人的良心。所以人真正知耻、知过，他以后就不会再造这些同样的犯罪。所以要改造犯罪的人，其实最好还是用孝道。

人民日报是中国最大的报纸，在 2007 年 8 月 30 日还特别刊载了这篇报导，以“服刑先学《弟子规》”为大标题，“服刑先学《弟子规》”来做这篇报导。而且它特别提到，这是这个文章报导里面的原文，说“为了更好地教育服刑人员，海南省监狱管理局还从各监狱先后选拔了二百多名素质较高，具有一定教学能力的民警到安徽庐江文化教育中心学习。”特别提到中心对这方面的贡献，确实我们中心来的老师都知道。海南司法系统分很多批的这些干警，来中心学习。就像我们今天一样，在班上一起学习《弟子规》，一起学习传统文化。然后把这个文化、这种道德风气带回监狱里，把监狱变成传统文化的学校。这真好！现在我们也看到企业界，企业也变成学校了。监狱变成学校了，那学校更应该变成学校。

我们继续来学习《孝经》。昨天我们讲到“五刑章第十一”，这段还没有讲完，这一章是讲，在所有的罪名里面，最大的罪就是不孝的罪。不孝的罪，它对于个人来讲，令他自己身败名裂，对于社会来讲，使得社会大乱。底下给我们举出三个方面，第一是：

【要君者无上，】

第二是：

【非圣人者无法，】

第三是：

【非孝者无亲，】

这三种现象，都叫：

【大乱之道也。】

所以我们判断一个社会是不是安定，从这三个方面来看，就能够看得出来。什么叫“要君者无上”？“要”就是要挟。对于自己的领导、长辈竟然会要挟、会冒犯，犯上就是作乱。所以这种人他目无长上，为所欲为，肆无忌惮，满心的都是自私自利、损人利己，连自己的领导、自己的长辈都不放在眼里，所以必定会做出违法乱纪的事情来。

“非圣人者无法”，这个非，就是诽谤批评，认为圣人所说的都过时了，都是封建迷信，不符合现代社会了。讲伦理道德，那是迂腐！讲因果，那是迷信！这都是讲“非圣人”，毁谤圣教。圣贤的教育能够安定民心、和谐社会，而如果他诽谤圣人，诽谤圣贤的教育，他目中无法，这个“法”就是讲到圣贤的教育，心里面他只有自己的那一套邪知邪见，没有把圣人看在眼里！圣人的教育实际上不是圣人编造出来，主观臆造出来用来规范我们的，不是！包括圣人所制的礼，制的戒，那都不是来约束我们，而是我们自性性德本身流露出来的这个现象就是如此。譬如说礼，礼是一种自性性德的表现，我们恭敬人，对人有礼貌，行事进退都有礼节，这是一种性德。并不是说圣人创造的，不过是圣人恢复了性德，他把它说出来了。我们还没有恢复性德之前，我们遵照圣人所说的去做，慢慢就会恢复性德。佛家制定的戒律也是如此，圣人教导的伦理道德因果这些教育，统统都是帮助我们恢复性德，恢复我们本有的本善。所以毁谤圣人、毁谤圣贤教育，就等于是毁谤自己的性德。

“非孝者无亲”，这个孝，就是此地《孝经》里所涵盖的所有内容。一个人他自己不能够行孝，而且别人行孝他甚至还会毁谤、还会批评、还会笑话，那这种人就“无亲”，他眼中没有父母。一个人他眼里没有父母，那么他把谁都不放在眼里了，自己极其的傲慢，走到社会里面他自然会遇到很多的障碍，很多的磨难，自己不能够爱敬自己的双亲，不能够爱敬别人，所以他也不可能有真心帮助他的朋友。

这三个方面，这是夫子给我们讲出大乱的三个特征。我们现在看看当今的社会，有没有这些现象？现在的教育，有没有注重培养孝道、师道，圣人之教就是师道，还有忠于长上这些道德，如果缺乏这些教育，那夫子这里所说的，正是指我们现在社会“大乱之道也”。要去挽救世道，还是要从这三个方面去挽救，要大力地提倡孝道，要提倡圣贤的教育，要教导人学会忠顺，才能够使社会归于治，恢复和谐。

第十二章　广要道章

我们一起先把经文念一遍：

【广要道章第十二。子曰："教民亲爱，莫善于孝。教民礼顺，莫善于悌。移风易俗，莫善于乐。安上治民，莫善于礼。礼者，敬而已矣。故敬其父则子悦，敬其兄则弟悦，敬其君则臣悦，敬一人而千万人悦。所敬者寡而悦者众，此之谓要道也。"】

这一章是继续我们前面所说的道理来开演，前一章"五刑章"给我们指示出来不孝是最大的罪恶，如果是要挟领导、毁谤圣教，目无尊亲，这样的情形就是大乱之道。那么要使社会和谐，必须通过教育，来使民心从邪知邪见那里回头，依靠圣贤的教育，这才能够让社会和谐。这一章《广要道》就是说明教育的重要性，"要道"就是教育。《礼记·学记》里面讲的"建国君民，教学为先"，这是最重要的治理社会、和谐社会的方法，这个叫要道。这里称为"广要道"，这个"广"就是广述，因为在《孝经》第一章《开宗明义章》，给我们讲到这个名词，说这是先王的至德要道。但是第一章它是提纲挈领，讲得非常的简单，只是给我们开了个头，没有详说。这一章就把要道给我们详细的说明、广述，所以称为"广要道"，底下还有"广至德"，"至德要道"，下面还有详说"至德"这一章。

孔老夫子在这里说“教民亲爱，莫善于孝”。既然我们知道人性本善，之所以不善，是因为受到社会的污染，养成不良的习性。所以我们要通过教育，让人回头，回归本善。回归本善自然就能够与大众在一起相亲相爱、和谐共处，这是夫子所憧憬的大同世界。从哪里教起？必须从教孝道开始，所以说“教民亲爱”莫过于教孝道。教孝道不仅是用言语，我们去外面讲课，或者是通过媒体向大众宣扬孝道，鼓励大家行孝，更重要的是身教，我们自己要先落实，先做到。“自行而后化他，正己而后化人”，这才能达到效果。所以我们能够行孝，我们能够对人敬爱，对人关怀，先把亲爱做出来，自然就能感化周边的人，你的德愈厚，你的影响力就愈大。所以我们师父常讲“和谐世界，要从我做起，从我心做起”，心里头有孝道，对大众有这种爱心，博爱，那才能够谈得上在外面去和谐世界。

宋朝的大文人，儒者邢昺解释这一段经文，是批注唐玄宗的御注，他的解释叫《孝经正义》。他是这样讲的：“君能行孝，则民效之，皆亲爱其君。”这个君就是讲皇帝、天子，天子他要带头行孝，百姓纷纷效法他，也行孝，每个人都敬爱自己的父母，要敬爱自己的父母他才能够敬爱领导，他才能够爱祖国、爱人民。所以“亲爱其君”，这就是现在胡锦涛主席提的“八荣八耻”，八荣里面的头二条“以热爱祖国为荣，以热爱人民为荣”，这是亲爱其君。首先，领导要做个好样子，当然我们每个人也都有这个义务，在社会当中“作之君，作之亲，作之师”。作之君，就是我们也要做领导，起个带头作用。作之亲，我们对大众要关怀照顾。作之师，就是为大家做个好样子，言教，身教，导正社会风气。

下面是“教民礼顺，莫善于悌”。一个社会如果能够讲礼，这就自然和顺。我记得以前蔡老师给我们讲过，礼是人与人之间最美的距离，它像润滑油一样，能够使人与人之间的关系和睦，人人都懂得礼，那这个社会必定是和谐的。怎样教礼？从哪教起？夫子这里讲“莫善于悌”，这个悌道就是指在家里面“兄友弟恭，长幼有序”，长辈与晚辈，兄长与弟弟之间他要讲一个先后之次序。在年长的人来讲，要关怀比自己年幼的，年幼者要尊重年长者，这就是悌道，所以“悌”本身含有恭顺的意思。人能有恭顺，他自然就能够讲礼。底下讲的“礼者，敬而已矣”，这“礼”的内涵是什么？内涵就是恭敬，他恭敬人，他自然就会处处讲礼貌，所以礼是什么？也是人本有的性德。只要人有恭敬心，他就能做出符合礼的事情来。反之，如果人没有恭敬心，他这个礼肯定就不圆满，即使是很造作、很勉强去做，但是人看到了也都不会领纳他的这种礼敬，因为他只有礼没有敬，所以顺还是没有做到，人际之间的和谐，这个关系也是得不到的。

教礼有所谓相对的礼和绝对的礼。相对的礼是什么？别人对我礼敬，我就对别人礼敬，这叫相对的礼，要看对方。绝对的礼是什么？别人对我不礼敬，我们对别人还是礼敬。那我们要讲礼就要讲绝对的礼，这是永恒的那种礼敬之心，不管别人对我如何，我都对人礼敬，《弟子规》上有一句话讲“亲爱我，孝何难。亲憎我，孝方贤”，父母如果爱我，我能够孝顺父母，这个不难，这是相对的，因为父母爱我们，我们爱父母，有来就有往，这个没什么特别。难的是什么？“亲憎我，孝方贤”，父母不爱我，憎恨我，甚至虐待我。像闵子骞，他的后母这样虐待他，不让他在冬天穿棉花做的棉衣，那么冷的天，只是穿一件用芦苇做的棉衣，这样来虐待他。可是闵子骞没有丝毫的怨言，而且对自己的母亲还是很礼敬，这就更难能可贵。

所以我们学圣贤之道，不要看别人对我怎么样。要自己问自己，我对别人怎么样。只问自己我心如何，不问别人。只看自己，不看人家。在佛家讲，不仅礼敬人，还礼敬一切众生，礼敬诸佛，普贤十大愿王，第一条“礼敬诸佛”，诸佛包括过去佛、现在佛，也包括未来佛，未来佛就是一切众生还未成佛，包括蜎飞蠕动的生灵，地下爬的蚂蚁、蟑螂、老鼠，这些我们都要礼敬，更何况人？所以这个心是一味的恭敬心，像对佛，对父母那样的恭敬，这个礼敬才叫圆满。礼敬是从自己家里先养成的，首先对父母，对长辈，对兄弟有这个礼敬的存心，这个心养成以后，走到外面他就处处都能礼敬。

我们要希望社会能够和谐，必须讲礼。而讲礼，国家领导人是要负第一责任，他自己要先做到。所以邢昺《孝经正义》这里面讲“人君行悌，则人效之，皆以礼顺从其长也”，一个做领导的，当然都希望自己的下属能够顺从自己，哪有做领导的希望自己的下属背叛自己、对自己不恭敬？不可能有这样的领导！我们希望我们的下属、我们的臣民礼敬我，那我自己要先做个好表率，那就是行悌道。虽然是国家最高领导，但是自己也有父母，也有兄长，所以也要行悌道，人们看到了，对他也就生起感佩之心，效法之心。自然就能够礼顺他了。在古代聪明智慧的君王都懂得这个道理，所以都是先身体力行圣贤之道，做个好样子出来，社会真的是“不严而治”。

在历史上，宋朝名相司马光，他虽然做到宰相，可是他对自己的兄长，都还是这样的毕恭毕敬，在他的兄长面前没有以自己一人之下、万人之上的宰相自居，还是一个弟弟。所以，照顾自己的兄长处处嘘寒问暖，吃饭了都是先夹给兄长吃，长幼有序，保持得很好。虽然自己公务很繁忙，而且身体也并不是很好，但是对兄长照顾还是无微不至。所以我们看到这些圣贤之人不以身居高位而起骄慢心，仍然是恪守孝道，恪守悌道。

下面一句“移风易俗，莫善于乐”。社会的风气，我们都希望改善，不良的风俗，我们都希望能够改变，使得社会愈来愈稳定，民心愈来愈淳厚，夫子告诉我们最好的方法就是用乐。这个“乐”，狭义的讲就是音乐，广义一点是说艺术，这些包括节目、文学的艺术。为什么用乐最能够移风易俗？这是因为艺术都通人的情性。人都喜欢艺术，就像我们在这里上课，讲“八德故事”。前天我们看到有一个小组的组员，他把“八德故事”演出来给我们看，一表演大家就兴致勃勃，你像现在这样说教，可能他会打瞌睡，为什么？就是人都有一种喜欢艺术的情性，这是人之常情。所以用艺术来做教学，这是随顺人情，易于教化。关键是我们用什么样的艺术，什么样的音乐来帮助这些人，去怎么教他们。如果用的艺术是正的、是善的，真的就可以改善社会风气；如果用的艺术是不好的，是让人起邪思的，那这种艺术就会毁灭一个社会。真正最高的艺术必定是与自性相应，与性德相应。在《礼记》上面有一句话说“大乐与天地同和”。天地，代表自然，自然也是一种性德，真正最殊胜、最圆满的一种艺术完全是随顺自然，跟天地是和谐的，这是随顺性德，所以让人接受了这种艺术以后，受到这种熏陶，他就能有断恶修善、破迷开悟、转凡成圣的效果，那这种艺术是极佳的艺术。

子夏在给《诗经》做的一篇序里面说到“治世之音安以乐，其政和；乱世之音怨以怒，其政乖；亡国之音哀以思，其民困”。这是讲到不同的艺术有不同的效果。这个“治世之音”，治世是太平盛世，在太平盛世里面的那些音乐，你去听一听，它是让人心安定的，让人听了之后生起快乐、生起喜悦，它很和谐。真正懂得这里头道理的人，其实从一斑可以窥全豹，就是从一点可以看一面，听听这个国家、这个社会的音乐，他就晓得这个社会现在是治还是乱。所以，孔老夫子当时习乐时，他就叹息，说他到齐国去的时候，看到有几位齐国的人在野外弹那种韶乐，韶乐是大舜所作，大舜时代那是治世，这个音乐都是安与乐，听了之后让人安定，让人生法喜。可是他看到韶乐本来应该是在宫廷里面演奏，怎么现在被逼到只能到野外去演奏。然后就问这些乐师们，乐师们都唉声叹气，为什么？因为齐国人已经不欣赏这种音乐了，所以孔老夫子就知道齐国变成乱世了。因为什么？治世之音已经不能演奏了。

“乱世之音”是什么？“怨以怒”。你去听听一个乱世的音乐，听起来好像有一股怨气，听起来好像他在发脾气，在那里唱，在那里叫喊。有时候我们听见那些摇滚乐，咚咚咚咚，好像有种怨气在发泄，很愤恨地在那里叫喊，这是什么？乱世之音！听到这种音乐，我们就能判断“其政乖”。那我们也不点哪个国家喜欢摇滚乐，摇滚乐从哪个国家出来的，我们知道那个国家政治一定是不和谐的，所以会出现诸多的危机，政治的危机、经济的危机、金融的危机都会出来，所以从一点我们就可以判断这个国家是治还是乱。

那如果到了亡国的时候，“亡国之音”是什么？“哀以思”。一听，凄凄惨惨戚戚，听了之后好像让人悲痛，萎靡不振，那些所谓的靡靡之音，不少的流行歌，好像现在听起来都是这样，垂头丧气，那歌星唱起来也是垂头丧气，好像都是要死不活的那个样子，“哀以思，其民困”。如果我们听了这种音乐，自己也会变得萎靡不振，东倒西歪，这个困，进入困境了。用什么样的音乐，真的可以帮助导向社会。所以智慧的领导人，一定是大力提倡积极向上的音乐，让人能心安定，能祥和，这些才叫做真正的艺术。

不仅人听音乐会受影响，连物质、矿物听到音乐都受影响。日本一位很著名的科学工作者江本胜博士，他对水来做实验，研究水结晶的结构。他发现了什么？音乐对水结晶也能产生影响。他的实验很简单，就是去给水放音乐，一段时间之后，再把这个水在零下 5 度的环境下让它结冰，然后用显微镜观察它的结晶。给水放贝多芬的《田园交响曲》，这是一曲很美妙的音乐，曲调很明快，很爽心，“安以乐”，这样的音乐，它的结晶很美！然后，如果你放另外一个，放一首“离别曲”给它。结果你去观察它的水结晶，好像这水的心都碎了，它会产生变化。这水是同样的水，就是放不同的音乐，然后你观察它的水结晶，它就变成不同的样子。然后你再放那个现代的，而且歌词很不雅的，所谓现代重金属音乐，摇滚乐，喊喊锵锵，叮叮咚咚那种，你看那水听得都晕晕乎乎的，好像解体一样。这证明什么？连矿物都受到了音乐的影响。我们人体 70% 是水分，假如你老是听摇滚乐，那你整个人都会晕晕乎乎的，出来也不知自己在干什么，假如你老是听那种哀乐，靡靡之音，“哀以思”，就是刚才那种支离破碎，一天到晚都会萎靡不振，当然你的事业就不能成功，工作也不可能顺利，你的家人也不能够和谐，小至个人，大至国家，如果国家都是这样，就变得亡国了！所以，这是真有道理。你看，现在江本胜博士用科学实验给我们证明，《礼记》证明了三千年前的圣人所说的道理。

这是三幅图，对照一下看看，同样的水，三种形态不同，证明音乐多么重要。它能够改变水结晶，当然能够改变社会风俗，“移风易俗，莫善于乐”，音乐是其中一种艺术。广义上讲艺术包括多方面，包括戏剧、电影，这些媒体里所报导的、播放的这些内容，包括现在报刊、杂志、网络里面的这些内容，内容健康与否关系很重大，关系到国计民生，社会治乱安危，可不是个小事情。所以我们师父讲，有两种人能够救世，也能够灭世。这两种人，第一种是国家领导人，第二种人就是媒体的负责人。假如不以健康的内容去播放，去导引大众，反而用那种杀盗淫妄，色情暴力的内容，这就是毁灭世界，那就是魔王！那个罪业可就深重，将来必定是堕阿鼻地狱，反之，如果能够正确导引大众，这是功德无量的事业。

下面又说到“安上治民，莫善于礼”。“安上”，就是使在上位的人心安，“治民”就是指百姓能够和睦，社会能够安定。要达到这样一种状态，最好就是用礼（礼教）。唐玄宗御注里面，他说到“礼所以正君臣、父子之别，明男女、长幼之序，故可以安上化下也”，这是讲到礼教，说的是什么？给我们说明人与人之间的关系。这个关系，大分五种，所谓父子、君臣、夫妇、兄弟、朋友，把这个关系说清楚了，人就自然懂得如何处理关系。所以礼，这个教化可以帮助扶正君臣之间的关系，君臣是领导与被领导。父子之间的关系，父母跟儿女是一个什么样的关系，履行什么样的义务。这个关系就应该是君仁臣忠，父慈子孝。

“男女长幼”这是告诉我们，夫妇之间、长幼之间有一个什么样的关系。夫妇就好像自然界里面的阴阳、天地一样，所谓天在上，地在下。有的人就觉得好像这个不平等，为什么要男的在上，女的在下，或者说男主外，女主内，为什么不让女性去外面工作，偏偏只有男的才有这个权力？问这个话，实际上没有真正懂得中华文化深邃的内涵。为什么？因为这是自然之序。你譬如说天，它一定要在上才行，地在下才行。如果把它翻个个儿，天在下地在上，那叫什么？天翻地覆！大乱之道也。那男性，他有他天生这种个性上的特征，他能够比较承担负荷和压力，而且他出外工作，挣钱养活家庭，这是比较符合男性的性格特征。女性的天性是比较柔软，能够持久，所以在家里面她担负起相夫教子的责任，这也是比较符合人性。这个分工虽然有不同，绝对没有说男性的工作好像比较高，女性在家比较卑微，这种理解是错误的。应该怎么说？女性的工作比男性的工作更重要、更崇高！君不闻"不孝有三，无后为大"吗？你想有后，靠谁？靠母亲！这个"后"不仅是生育后代而已，更重要是教养他。母亲要负起大部分的责任，所以她能够繁衍后代，传承家道、家风，这个不是比在外面挣点钱养活家庭更为重要吗？所以分工虽有不同，大家的目标是一致的，而且绝对是教养后代是第一重要，所谓"至要莫若教子"，教导后代是第一重要，所以女性的工作第一重要。

真正明白这些道理，各自守着本分，各有分工不同，绝对不会互相抢。其实现在要抢，女性要走出家门，要去工作、挣钱，跟男人去竞争，谁吃亏？女性吃亏。你想想，女性她本身就要负担起繁衍人类的使命，教养后代的使命，这一重重担已经够重了，现在还让她出去挣钱，两重重担压在身上，压得喘不过气来，那男人就轻松了。所以，提倡所谓的女权运动的人，他真的没有尊重女权，他把女人的天职给打翻在地，让女性肩负起非常重的工作量，压得死去活来，这是尊重女权？所以尊重人性，才是尊重人权。人权是要符合人性的，不符合人性的人权就不是真正的人权。所以明白这些道理，大家各自敦伦尽分，安于本分，社会就和睦了，互相不争、互相礼让、互相感恩、互相关怀帮助，让一个家庭能够和睦，让社会能够和谐，这是礼教带给我们的好处。所以能够安上化下，在上位的领导也不用担心人民要造反，懂礼教的人不会造反，有孝心的人绝对不会造反。

所以《论语》里面也讲，能够孝悌而去犯上作乱的，“未之有也”，所以有孝心懂礼教的，绝对不会犯上作乱。《礼记》里面有一句相似的话，唐玄宗批注也是采用《礼记》的这个道理，他说“非礼无以辨君臣，上下、长幼、之位也；非礼，无以别男女、父子、兄弟之亲”。所以礼教就是等于把人与人之间的关系给摆正，这是天地之序，符合人性，符合天性，我们遵循着这种关系，自然生活就很安乐，不会有不平，更不会有怨恨。而且在遵守这种天地之序的同时，还能生起相亲相爱的心。因为礼教不像法制，法制里面很难生起这种亲爱的心，跟人讲法律，上法庭诉讼，这没有亲爱，但是讲礼，大家都能守礼，他就在遵守礼节的同时，互相关怀的心很自然就能出来。所以礼是符合性德的，能够彰显我们本性的那种爱心。

底下讲“礼者，敬而已矣”，这个礼，根本就在于“敬”这个字。礼是表相，敬是讲内心，所以敬是礼之本，礼是敬之相、敬之用。底下告诉我们，我们讲礼敬不是要求别人来礼敬我，是要求我们礼敬别人，我能礼敬别人就能感化别人，让别人欢喜。

“故敬其父则子悦”，我们尊敬别人的父亲，他的儿女看到了就欢喜，很自然，这也是出自于本性。如果我们对一个人的父亲不尊重，他就会很生气，如果我们批评他的父亲，辱骂他的父亲，可能都会跟他结怨，所以要敬人，敬人的父母，这是让人生欢喜心。“敬其兄则弟悦”，对于别人的兄长你能够尊敬，像尊敬自己的兄长一样，那个人看到你这样尊敬他的兄长，他会很欢喜，也就会对你尊敬。“敬其君则臣悦”，我们对待一个国家的人民，我们对他的领导很尊敬很赞叹，这一国的国民都欢喜，即使是他那个国家的领导未必是非常的贤能，但是他国民见到，你外国人都尊敬他自己的领导，他也能生起对自己领导的恭敬心，这就是感化。“敬一人而千万人悦”，我们能够敬一个人，让这个人的儿女、兄弟、臣子们见到都能够欢喜，这是讲到敬一个人能够让无数的人欢喜。

所以“所敬者寡，而悦者众”，你敬重的只是一个人，或者是少数的人，但是让大众都能够喜悦欢喜，这是和谐社会的要道。我记得我们听过胡小林老师讲的课，讲他如何在企业里面推行《弟子规》。很难得，他就是自己去落实，身体力行之后自然带动员工来学习。他讲过一个例子，就是说他的一个员工的父亲生了病，结果这个员工不好意思跟胡总去要钱，这个员工的父亲就给胡总写了一封信，表达了自己有困难，希望公司能够帮助他的愿望。这一封信是瞒着他的儿子写的，因为他儿子很敬佩自己的领导，都不忍心开这个口，可是他父亲确实需要，自己就写了封信寄来。胡总一看，就马上批了，本来这事可以不用管，这属于公司以外的事情，但是胡总他很有布施精神，立刻就批了钱，赠送给员工父亲。后来让这个儿子知道了，你想想这个儿子的内心是多么的感激，对自己的领导那真的是感恩戴德，他工作肯定认真负责。为什么？你敬他的父亲，做儿子的就欢喜，“敬其父则子悦”。

我们学会这一招，其实很管用。在待人处世当中，我们都常常要学着赞叹对方，尤其赞叹对方的父兄、长辈。譬如说，我们见到一个人看到他很有礼貌，我们能够赞叹一句“你很有家教！”你看“很有家教”这一句，实际上不仅是赞他，还赞叹了他的父母，因为父母懂得教育。他一听很高兴，“敬其父则子悦”。遇到一个正在工作的人，看到他工作很有条理，我们赞叹“你工作这么有条理，你这个领导一定是很会经营管理，你们这公司一定很有前途！”他一听，心里也就觉得好像很有光明。这都是懂得“敬其君则臣悦”。

所以“要道”是要从我自己做起，我去尊敬别人。我尊敬别人就等于带着别人也学会恭敬，所以要道这讲教育。教育讲礼教，教导人懂得孝敬，这就是和谐社会最关键的方法。孔老夫子在2500年前就把和谐社会之道给我们说清楚了，所以《孝经》对现代社会非常有借鉴的意义。

第十三章　广至德章

我们继续来看下面一章，我们一起把经文念一遍：

【广至德章第十三。子曰："君子之教以孝也，非家至而日见之也。教以孝，所以敬天下之为人父者也。教以悌，所以敬天下之为人兄者也。教以臣，所以敬天下之为人君者也。《诗》云：'恺悌君子，民之父母。'非至德，其孰能顺民如此其大者乎？"】

这《广至德章》继上面《广要道章》之后，继续给我们开解，这是把《开宗明义章第一》里面的"至德"这个名词给我们来详细说明。孔老夫子在这里说"君子之教以孝也"，君子教孝道，教育这是和谐社会的至德要道，怎么教？不用挨家挨户，天天跟人家面对面的去教，这就是"非家至而日见之也"。那怎么教？自己先行孝道，这是修"格物、致知、诚意、正心、修身"的功夫，然后你自然就有孝悌的那个磁场，走到哪里别人见到你，自然就生起恭敬心，想向你学习的心。慢慢地，你的感化力扩大，就带动一个社会的风气。真正把身修好，就能够齐家，就能够治国，就能够平天下。所以君子先把自己的德修好，再用言语去教，人就能相信，人能信服，能够依教奉行。

这个"君子"，我们首先要给他下一个定义，在《论语》当中对君子的这一段定义比较符合这一章的义理，我们把它提取出来。子路，孔老夫子的一个大弟子，他很希望去做君子，就问孔老夫子：什么叫君子？做君子有什么资格？孔老夫子怎么回答他？“子曰：修己以敬”。自己修好自己。用什么来修？用“敬”这个字来修，敬人、敬事、敬物，这是修敬。对待一切人都能够彬彬有礼，柔和谦下；对待一切事情都认真负责；对待所有的物品都能够爱护，都能够把它放置在该放的地方，这是修己以敬，从早到晚时时刻刻都有这个敬的心，古人讲“主敬存诚”，这才能叫君子。所以，一放逸、一懈怠、一随便，或者一傲慢，就没有敬了，这就不成为君子。人没有敬，很容易就犯很多毛病习气，做出小人做的事情，所以就不能称为君子，就是小人了。

子路问到君子，孔老夫子就这么四个字给他回答了，子路觉得好像还不够，“修己以敬”，难道就这样吗，“如斯而已乎？”就这么简单吗？这是什么，实际上子路对“修己以敬”这四个字的内涵还没有透彻完全的理解。然后孔老夫子给他说了第二个层次，“修己以安人”，这个“安人”就是使人安定，使人家心安理得。修己就能安人吗？是的，修己就能安人。你自己做好样子，人家看到你，他自然就学习。你修己以敬，他也就修己以敬，这就是教育。子路听完之后，又问道“如斯而已乎？”，难道就这样吗？他觉得还不够，还要再问深一层，孔老夫子又回答他“修己以安百姓”，这第三个层次。这修己还是修己以敬，真诚恭敬到极处能安百姓，就是使百姓都心安、身安，这就是和谐社会。《孝经》第一章讲的“以顺天下，民用和睦，上下无怨”，大同世界都能得到。所以修己以安百姓，能使天下大治。

“修己以安百姓，尧舜其犹病诸”，连尧、舜这样的大圣大贤还未能够圆满落实，换句话说没有能够真正把世界带向大同，那么这个修己的功夫还没圆满。从这里我们看到夫子内心当中，修己与安百姓是一不是二。想要安百姓要下修己的功夫，就是修身的功夫，因为众生跟自己原来是一体，所以自己修好自己就是广度众生，自度度他不二。在《金刚经》里面有一句话，讲的就是最圆满了，释迦牟尼佛说“度尽无量无边一切众生，实无有一众生得灭度者”，他为什么这么说？把众生都度尽了，却没有看到有一个众生真正得灭度，就是他没有真正度众生。为什么？因为众生跟我本来一体。而众生本性本善，本来是佛，让众生得度，实际上是什么？是个自度的过程。等自己得度了，自己成佛了，再去看众生，他们本来就是佛。我是因为想有这个愿度他们，才被自度，自度之后再看他们，我没有度他们，是他们度我！谁度谁？哪有众生得度？只有自己得度！

所以修己以安百姓，我们要发愿安百姓，但是下功夫就是个修己的功夫而已。修到极处了百姓自然就安了，众生自然就得度了。所以这桩事情连尧舜都没有做圆满，真的要成佛才能做圆满，自觉觉他，觉行圆满，那才会成为佛。所以你看看君子，君子是在修行当中，还没有成圣人，但是他往圣人的这个目标迈进了，这就是君子。从哪修起？修己以敬。敬是存心，礼是自己的外表，所以我们学礼是为了修敬。所以君子是这样教人，他自己这样做，“教以孝”，自己行孝，感化别人，所以“敬天下之为人父者也”。他能够用自己的孝行来礼敬天下为人父母的，他自己行孝而且又提倡孝道，鼓励大家一起来行孝。因为他自己做到了，所以大家能够信受奉行，这是对天下为人父母的人最大的尊敬，为什么？让他们的儿女都尊敬他们。

“教以悌，所以敬天下之为人兄者也”。我们自己行悌道，尊重自己的兄长，然后跟别人去说，去鼓励大家也行悌道，这就是对一切做兄长的人的恭敬。“教以臣，所以敬天下之为人君者也”，教忠，教为人臣子的去忠于自己的长上，忠于自己的领导，这就是什么？对天下做领导的人尊重。天下做领导受到尊重，他也就懂得自重，他也就能够认真地为人民服务，这是一个良性循环。所以你看看君子，他在这世间做什么？一天到晚所做的就是这三种事情：教孝、教悌、教忠，道德仁义，教化大众。

《诗经》上赞叹“恺悌君子，民之父母，非至德，其孰能顺民如此其大者乎”。这个“恺”，就是乐的意思。“悌”就是易的意思，这是唐玄宗批注的。这句话《诗经》的诗文意思就是说：“君以乐易之道化人，则为天下苍生之父母也”。做领导的人，能够让人民都能够喜悦，都能够随顺着自然，这教化很容易，乐易之道，这说明什么？圣贤之道是让人喜悦的，让人很容易遵守，为什么？因为它是本性中的性德，人人本具，当然是很容易，它不是外来的，它是自己本有的，所以随顺着本性教人民是很容易教，而且人民也很欢喜，这是“以乐易之道化民”。这个人称为君子，他是天下苍生之父母也。我们读到这一句，要生起向往、效法之心，也要做这样的君子，以圣贤的教育教化万物。

我们的先辈为我们做出这样的表率，远的不说，就说我们师长，上净下空老法师，你看他这一辈子，专门从事的就是圣贤教育，儒释道三家的教化，一教就教五十多年了，今年是83岁。他告诉我们说“学佛真是人生最高的享受”。愈学是愈快乐。我们听了这句话也是很向往，希望这一生也能够像他那样得到人生最高的享受。那就要真干，放下自私自利，放下名闻利养，专门一心投入到圣贤的教学当中，自己学，自己做，有机会把自己所学的心得跟大众分享，这是怎么？“恺悌君子，民之父母”，他能够帮助人回归本善。

像我们师父，最近提出建老人乐园的一个构思，这是看到许多的老人需要去奉养，所以他提倡构建一种老人乐园，让老人家在这样的一个场所里面生活，心情舒畅，物质生活设施也很方便，住的就像是星级宾馆一样，服务的人员都经过《弟子规》的培训，所以对老人都像对自己父母一样的孝敬。老人家在这个场所里面每天有学习，这个乐园每天办班教学，像我们现在这样，老人家都能每天来听课，听儒释道，听传统文化。同时又能够常常看一些节目，这些节目演的都是忠孝节义、移风易俗的艺术，让老人家晚年精神生活非常充实。这个观点提出来，全世界很多地方在响应，都在建设老人乐园，我所知道的就有好几个。这样看来，老人家真正得福了！你看这是什么？“教以孝，所以敬天下之为人父母者也”！所以，师父虽然自己没有真正去做，“非家至而日见之”，并没有天天到每个人那里去讲，他这一提倡，带动了这种社会风气，结果就能够使孝悌之风在社会上增长，所以这是什么？“非至德。其孰能顺民如此其大者乎？”如果不是至高无上的品德，怎么能够顺民，让民心和顺到这种地步？这是对于君子“广行至德要道”而能够教化大众这种德行的赞叹。

在此地，马来西亚沙巴有这样一户人家，可能很多人都认识，有一位赖妈妈，她的名字叫钟群爱，跟我是同一个姓。她的家世很不错，她的先生原来经商留下不少产业，她自己对儿女的教育，言传身教都做得非常好，所以儿女都很孝顺。儿女继承了家业，每个人都很有出息，她有五个儿女。在沙巴有一个他们家族的企业叫赖福金集团，这家是为善之家，所以常常都捐助一些慈善事业，在当地建了一个五星级的医院，叫福群医院。这个名称是怎么由来的？这是赖妈妈起的这个名字。因为什么？赖妈妈跟我讲，她的儿女都希望永远记着父母的恩德，所以建这个医院也是儿女为了纪念父母，用父亲名字赖福金中的“福”字，用母亲名字钟群爱中的“群”字，命名为福群医院。这个“福群”也很有意义，造福人群！所以，她自己说“我只有小学毕业”，竟然能够起得这么好的一个名字，我们都很赞叹，这是什么？因为她心里很善良，很正直，自然就会有智慧。

这个医院在工程启动典礼上，由赖妈妈的女儿，就是集团的董事、总经理上台致辞，当地很多的这些长者，知名人士都来了，记者都来了，她就发表了这样的一个发言，这发言刊载在一家报纸上。我看着这个报纸很欢喜，想在这里跟大家分享一下，她这里讲到，她说为什么要建这个医院？第一个，她先父曾经许愿要建医院救人。因为她的父亲在世的时候，有一次得了重病，结果他自己就发愿，如果我的病好，我以后一定要建一个医院去救人。结果他的病真好了，很可惜父亲在世的时候，这个愿没有圆满，结果由女儿把它继承下来了，继承先志，所以这个医院建立是有这个缘起。同时这个医院也是作为她感恩她母亲的一份礼物，她母亲是乐善好施，虔诚的佛教徒，所以这些儿女们为了感恩自己母亲养育之恩，捐献这个医院。第三条，她讲到说，为什么要布施捐献？有舍才有得！万般将不去，唯有业随身，她演说词里面有这么一段，我把它摘录下来，我跟大家朗读一遍，来分享，写得很好。

她说“人生永远都是来也空空，去也空空，当我们去的那一刻，任谁也带不走一分一毫，有钱而不舍得用，与穷人没两样。花在自己身上是享福，福尽悲来，但是若能取之社会，而又能回馈社会，彼此感恩，又能行善，让这无常、宝贵的生命，价值重如泰山，而不枉此生，自己修福积德而又造福人群，一举两得，我们又何乐而不为？”

你看看，这个是非常有智慧的生意人，她懂得经营自己的人生。有钱，她拿来为社会做好事，做好事来报答自己的父母，这是什么？“教以孝，所以敬天下之为人父母者也”。教人布施，这是什么？所以帮助人致富者也，人懂得布施，施财才得财，所以我们可以相信她这个家族，一定是能够长盛不衰的。为什么？有这种理念，这个钱不是把它放在银行里，自己去快乐，其实也得不到真正的快乐，只是看到银行卡上的数字而已，但是真正造福人群，这是真正的快乐。所以“恺悌君子”，这个“恺”是快乐，怎么快乐？为善才快乐，助人才是快乐之本。这是我们看到这一家行善，“积善之家必有余庆”，他的福会享长远。

刚才我们讲《广至德章第十三》，最后一句是引用《诗经》里面的一段文说：

【恺悌君子。民之父母。非至德。其孰能顺民如此其大者乎。】

这一句话，意思是很深广，刚才还没有把它讲够味道，所以现在加一些补充说明。《诗经》里面说这个“恺悌君子”是赞叹为人君者，这是引《大雅》里面赞叹圣王，圣王能够以至德来感化万民。这个“至德”，不是说圣人才有，我们凡夫就没有，是人人本有，只是圣人把它能够做出来，我们凡夫做不出来，虽然做不出来，看到别人做出来，心里就有感动。所以圣人做出来，他就能顺民，顺什么？顺人的天性、良知。

谈到孝道，《二十四孝》里面头一个故事就是舜的大孝，至孝感天。舜，他是一个平凡家庭的孩子，自己亲生的母亲早逝，父亲娶了后母，可是后母偏爱自己的儿女而虐待舜。他的父亲也很愚痴，跟他后母一起来虐待舜，甚至多次想把舜置于死地。有一次骗舜下到井里去干活，可是当舜下去以后，他们竟然把土往井里面埋，想把舜埋死在井底。幸亏舜很有智慧，事先已经知道了他们的用心，就在井里挖了一条通道出去了。所以他下到井里面，从早挖好的通道里走出去，又回到家里。他父母一看，哎呀，怎么又回来了！可是舜好像什么事情也没有发生似的，照样做他的事情，不仅外表没有对他父母的不满，内心里一点怨恨、埋怨的心都没有。后来他父母又骗他上草房干活，上了房顶，底下把梯子一抽，放火，想把舜活活烧死！可是舜也早有防备，他早已准备好两个大斗笠，从房顶拿着两个大斗笠跳了下来，像跳降落伞一样，缓缓的下了地，又没死！你看看，他父母对他这样的狠毒，但是舜内心里一丝埋怨父母、跟父母对立的念头都没有，这是大孝！舜的孝行感动了邻里乡党，感动了当时的尧王，所以尧王请他出来做事。不仅感动人，也感动动物，传记上讲，大象为他耕田，小鸟为他播种，动物都归顺他，都给他服务，所以这是顺什么？顺自性！随顺性德就能感动万物，连异类都能感动，人当然也能感动，所以他父母最后也被感动了，也回头了。

所以舜后来由尧请他出来为百姓服务，尧把两个女儿都嫁给他，最后把天子的位子也让给他。我们看到舜好幸福！娶的是公主，得到的是天子之位，真的是“四海之大莫非王土”，这么大的福报从哪来的？随顺自性的性德。人能够随顺性德，就能够随顺万民，就能够顺应民心，所以这叫“至德”！这个“至”，一定是要通到自性里面才叫至德。舜所做的，就是《弟子规》两句话做到圆满："亲爱我，孝何难。亲憎我，孝方贤"，父母憎恨他，他依然能尽孝，孝做到这样的地步，可以说他已经了生死出三界了。这个观点提出来，不是我提的，是徐醒民老师（我们师父的同门师兄弟），他在讲《孝经》当中说到。我认真学习过他讲的《孝经》，他讲了22个小时，他分析舜这样的一个境界是什么，他说至少是破了我执，他才能做到！

我们如果读过《金刚经》都知道，《金刚经》里有一句经文说"歌利王割截身体"，忍辱仙人在这个时候怎么样？"无我相，无人相，无众生相，无寿者相"。歌利王是暴君，这是讲释迦牟尼佛前生，他做忍辱仙人，在树林里面打坐，修忍辱行。这个暴君带着嫔妃们出来打猎，追逐猎物，结果他那些嫔妃就停下来等歌利王追猎物回来，看到树林里竟然有一位忍辱仙人，一个修行人正在打坐，就围过去，看他相好庄严，就向他请教问题，忍辱仙人给她讲法，大家听得很欢喜。听着听着，这歌利王就回来了，一看，好家伙，把我嫔妃都骗到他身边干什么？妒忌的火就起来了，拿着刀上前质问忍辱仙人，"你为什么在这里调戏我的嫔妃？"忍辱仙人很安详的说："我没有调戏你的嫔妃，是她们要请教我问题，我来回答她们。""那你在这干什么？""我在这修忍辱！""你忍辱，我给你一刀你能不能忍？"忍辱仙人无我相，无人相，无众生相，无寿者相，什么都能忍。能忍吗？喀嚓来一刀，鲜血直流，看你能不能忍。再来一刀，一刀一刀的下去，把忍辱仙人凌迟处死，就是一刀一刀把肉都割下来，这样的死法非常痛苦。可是忍辱仙人自始至终心里没有瞋恨心，所以他的神识离开了身体以后就升到天上去了，那么这个歌利王，他就下了地狱了。忍辱仙人看他这么可怜，愚痴颠倒到这个地步，不知道造这个罪业很深重，下到大地狱，所以发了个愿，发了慈悲心，说我以后成佛了，第一个来度你。结果后来这两个人两条路，一个上天，一个下地狱，不知过了多少劫了，忍辱仙人成佛了，就是三千年前的印度释迦牟尼佛。他成道以后，在鹿野苑讲法，第一次听他讲法的五比丘，其中第一个开悟，就是证果的（证阿罗汉果的）憍陈如尊者，他就是歌利王的后生。真的，释迦牟尼佛信守诺言，成佛以后第一个度的是他。

所以忍辱仙人，他因为四相都放下："无我相"，没有我了，没有我这个念头了；没有"人相"，没有对立的念头；没有"众生相"，众生与我一体，除自己以外没有众生，众生就是我，所以"无众生相"；"无寿者相"，寿者就是我们讲的时间延续。事实真相是什么？事实真相：我们这个宇宙是我们一个念头变现出来的。哪个念头？就是当下这一个念头。这个念头里头含有着无量的时空。时间、空间都在这一念当中，时间空间是四维空间，四度空间。不仅四度空间，现在科学家证明有十度、十一度的空间。其实不止，无量维次的空间都在这一念当中，就是当下这一念。所以没有先后，没有来去，无寿者相。他四相放下了，所以他能忍。所以《金刚经》里讲"若有我相，人相，众生相，寿者相"，歌利王割截身体的时候"应生瞋恨"，那会产生瞋恨心。要不然你试试看，人家去割你身体，不要说凌迟处死，割你这一个小手指恐怕都生瞋恨心，不要说割肉，不小心踩一下，就瞪人家一眼，瞋恨心就起来了，为什么？四相具足！有四相，那你还是在三界六道里面的凡夫！所以应生瞋恨，这个很自然，肯定生瞋恨，有我执！破了我执，才真正不生瞋恨，忍辱才做到圆满。

所以我们看到舜王，舜王在这样的一个境界里面，他父母这样来虐待他、谋害他，一般人应生瞋恨，再孝顺的人只要还是个凡夫，还有我相、人相，有对立的念头在里头，那在这样的境界里不生瞋恨是不可能的。但是舜竟然不生瞋恨，忍辱波罗密达到圆满，可见得他已经是了生死出三界的圣人了。

徐醒民老师这么一分析，我听了恍然大悟，真的很有道理！然后他告诉我，这次我去台湾，到师父家里拜见师父，刚好他也到师父家作客，跟我就谈起了这一段，让我非常受启发。他告诉我这个孝道做到圆满了，你也能够了生死，也能出三界！为什么？完全随顺性德，顺自性这才叫至德，这样的顺民，才能称上“如此其大者乎”，这是赞叹，赞叹你这个圣人随顺性德。所以行孝虽然说是德之本，基础，德的根本，但是一直做到最后，做到顶点，至德也是孝。所以孝无终始，浅的人看得浅，深的人看得深，做起来是没有止境、没有边界。

“民之父母”，这个“父母”代表什么？能生之义，能够生叫父母。我们这个身体是我们现在的父母所生，我们问问，我们的身外之物又从何而生？佛法里讲得究竟，一切法都是自性变现的，《华严经》所讲的“唯心所现，唯识所变”。所以真正的父母是什么？我们的真如自性，能生万法，这是民之父母。所以我们能够见性了，跟自性融为一体，跟无量无边一切众生合而为一，这个叫做至德，至是圆满！

《华严经》里讲“众生皆有如来智慧德相，但因妄想执着而不能证得”，如来的智慧德相，在这里称为至德，圆满，没有一丝一毫欠缺，那是如来果地上的智慧，果地上的德能，果地上的相好，每一个众生都有！你只要证得自性，你当下就具足，那现在为什么不具足？这至德本来有的，现在没了。上哪去了？其实不是说你没了，它还在，还在为什么我见不到？那是因为你有妄想、执着而不能证得。你看这个证是什么？证明，你不能证明它。你以为它不在了，实际上它在，不是说过去在，现在不在，过去在，现在也在，未来也在。始终都在，不来不去，不生不灭，当下你本来就是佛，你本来就具足至德，我们为什么看不到它？妄想执着，讲得具体一点，妄想分别执着，就是因为这个东西，障住了我们的至德。把妄想分别执着一放下，这个至德就圆满现前，所以它只有隐显之不同，没有来去，没有生灭。所以这一念回头，回光返照，自性现前了，你就能做“民之父母”！民之父母，“民”也是广义的，一切众生，你回归本性了，能生万法了。

妄想分别执着可以一下断掉，譬如说唐朝六祖惠能大师，一下断掉了，一下子就恢复至德，见性成佛了。他的老师五祖，给他证明了，说：你识得自性就是丈夫、天人师、佛，证明他成佛了。为什么？见性了，至德圆满现前了。我们凡夫没有六祖的根性，六祖是上上根人，一下子统统放下，我们就慢慢放，妄想分别执着，从执着放起。执着里面有善有恶，先从断恶修善做起，修善也是执着，这个执着是好的执着，叫执善而行，不执着善那你就执着恶了，反正你执着断不掉。那我们就执着善！所以学《弟子规》，学《太上感应篇》，学《十善业道经》，学什么？执善。这个执善有好处，它跟自性的方向是一致的。先把恶断掉，把自私自利断掉，把这些不好的习气毛病断掉，去修"孝悌忠信礼义廉耻"，修爱人、敬人，慢慢你就跟自性愈来愈近了，这叫做性相近，你的习气要远离，你就能跟自性相近。最后把执着也放下了，行善没有分别执着，一切能够恒顺众生，随喜功德，这个人就能见性。

所以我们从舜的这个例子里面看到，他为什么能够"顺民如此其大"就是因为他真正放下我执了，完全随顺性德来生活，这是行孝到了高级的地步。当然，更进一步，不仅是出三界，还要脱离十法界人，一真法界，那才叫真正成佛。入一真法界完全是随顺自性，妄想分别执着统统放下，他才真正叫做"恒顺众生，随喜功德"，普贤菩萨十大愿王里面这两条就是讲顺民！怎么顺民？自己还有妄想分别执着你就不可能真正做到顺民，你以为顺民了，其实没有真正顺民。

我们懂得这些境界，慢慢地去学，还是一步一个脚印，先从孝亲开始，慢慢修己以敬，敬亲而敬人，敬人而敬物，这是孟子所说的"亲亲而后仁民，仁民而后爱物"，这是一个次第过程。修行要有次第，不能一步登天，一步登天不可能，但是要懂得这些方向还有我们各个层次的境界，我们就不会得少为足，不会以为自己做得还不错，真正一看，自己还是小学生，我们刚刚准备跨入门，恐怕还没进门，只是有个好的方向而已，慢慢去修，但是知道方向正确，最后就一定能够修得圆满。这叫做"广至德章"这里面的至德，那个意思是极其深广，当然学了佛法以后，回头来看儒家的经典，是愈看愈有味道，圣人的这些教诲，他是通的，三教互通，你学得愈深你就解得愈深。

第十四章　广扬名章

我们一起把经文念一遍：

【广扬名章第十四。子曰："君子之事亲孝，故忠可移于君。事兄悌，故顺可移于长。居家理，故治可移于官。是以行成于内，而名立于后世矣。"】

这一章《广扬名章》是详细地为我们说明"扬名"，这也是"开宗明义章第一"里面讲到，"扬名于后世，以显父母"，这个扬名是什么意思，这里给我们广述。孔老夫子在这里为我们解释了"君子之事亲孝，故忠可移于君"，这里讲到的就是以孝事君的道理。可见得我们的孝不是只对父母的，而是应该把它移到对任何人，对自己父母能够事亲尽孝，那对待自己的领导、君长就能够尽忠，所以这就移孝作忠，所以五伦关系里面实际上都是孝道的展开。孝从父子这一伦先开始，所以"始于事亲"父子之间有亲，这是孝。但是不能仅此而已，还要扩大，扩大到君臣，就是君臣有义，这也是孝，同一个孝心，只是用在不同的关系上面，原来是对父子，现在是对君臣。

那对夫妇？夫妇有别，这个别是什么意思？就是有分别，我们师父解释说分工不同，这个解释相当好，是男女有别，男主外、女主内，分工合作，大家是平等的，但是只有分工不同，没有高下之别。刚才有一位学长就跟我讲，你刚才讲到男主外、女主内的事情，好像让她特别有启发，她说是啊，如果是女性又要主内，又要主外的话，那就累死了。现在的社会，我们看到女性都很可怜，为什么？被那些女权主义者叫嚣起来了，所以她又要承担生育抚养儿女的义务，又要出外挣钱，不挣钱好像还没尽到义务，双重重担，压得死去活来，所以被女权主义骗了，还执迷不悟的话那真的是太可怜。本来男女有别，各有天职不同，男性自己不能够生育儿女，所以只好去外面工作尽点义务，女性承担的使命更重大，人类要靠母亲，所以古德讲“闺阃乃圣贤所出之地，母教乃天下太平之源”，女性的使命多么重大，多么崇高。这份天职我们不去歌诵，不去赞叹，反而偏偏说你这样做是不平等，你应该出去工作，这是导向错误，误导。所以尽孝是什么？用在夫妇，它能够相亲相爱，团结合作，这也是尽孝，而且能够真正抚养优秀的后代，这是最大的孝。

那么孝，对于兄弟而言，就是兄友弟恭，就是长幼有序，“兄弟睦，孝在中”，这都是孝心的发展。 对待朋友，朋友有信，互相信任。我们看到《八德故事》，那天听到的，你看羊叔子跟敌军的将领之间尚且都能够这样互相信任，互相之间送酒送药，一点怀疑都没有就吃下去，这是敌对双方都有这种信任，朋友，如果没有信任，那怎么能够过得去？说不过去。这个信任还是始于孝心。为什么？孝是一体的含义，跟朋友志同道合，同舟共济，风雨与共，这才能够有信任度。所以孝展开来就是五伦、十义、八德，因此君子从孝道入手，移孝作忠。

“事兄悌，故顺可移于长”，这是移悌而顺长，在家里能够敬事兄长，所以出外就能够对任何的长辈，任何的长官能够尽顺。

“居家理，故治可移于官”，在家里能够井井有条，治家很严谨，做什么事情都有条不紊，他就能够做官也做得非常的英明，办事、判案都能够非常的正确，而不至于混乱。

所以这个是讲“行成于内，而名立于后世”，这个“行”，包括前面讲的三种行：事亲能够孝，事兄能够悌，居家能够理（理，就是井井有条）。这是在家里的德行，在家能够养成这种德行了，那你到哪里都能够把德行带到哪里。不管你做什么事业，你做官必定是忠君爱国，廉政爱民，你做普通的事业，也能做到尽忠职守，井井有条。做一生，德行都不改变，那你也能成圣成贤了，所以能够扬名后世，即使是过世了，你的名称仍然留在史册上，为后人所赞诵，所效法，这是“名立于后世”。

所以我们不可以忽略我们自己日常的生活行为，这个日常生活里面就包含着治国平天下的德行在里头，对待自己的父母孝敬，兄长尊重顺从，自己生活有条不紊，这都是很重要的德行。在《弟子规》里都讲到了，你看“入则孝”、“出则悌”、“谨”，正好讲的这三桩事情！“事亲孝”这就是入则孝；“事兄悌”这就是出则悌；谨就是“居家理”！一部《弟子规》你能够圆圆满满的落实，那就是“行成于内，而名立于后世”。不能小看《弟子规》，成圣成贤的根基就在这里。

所以《孝经》里面讲了道理，极深极广，可是要落实，要落实在《弟子规》里面才行。否则这些大道理我们学了之后，听了好像也满振奋的，但是如果不去落实，就是空理，空谈，那就是什么？搞儒学，不是学儒。我们师父讲儒学和学儒不同，不同在哪里？儒学是只搞理论研究，你可以把《孝经》写成论文发表，做“孝经博士”。“孝经博士”汉文帝那时候就开始设立了，还能做“孝经教授”，但是怎么样？你如果没有落实，成圣成贤那是永远做不到的，更谈不上扬名后世了，所以要做，从《弟子规》做起，《弟子规》是《孝经》的根。孝是德之本，《弟子规》是本，所以还是落到《弟子规》。

这里讲的“扬名于后世”，我们一个字一个字都不能放过，他没有说“名利于现代”。为什么圣人孔老夫子不跟我们讲说名利于现在？其实如果你真正做到事亲孝、事兄悌、居家理，可能你很快就能出名，为什么？特别是现在社会都没人这么做，你偏偏这么做，脱颖而出！领导特别会喜欢这样的人，他会请你出来做事，你自然就可以移孝作忠，移悌顺长，你自然就可以做事情井井有条，你能够做出一番事业，你也能够成名，这是实至名归，很自然的。但是为什么孔老夫子不说“名利于现在”，而告诉我们“名利于后世”？不是说利、名是坏事，而是怕我们做这些事情为了名。这心里如果还有个名利的思想在里面，做这些事情统统都成了障碍，叫作茧自缚，换句话说，成圣成贤还是达不到。

夫子劝我们，名不要现在去立，什么时候立？后世去立，就是让后人去评价，后人去效法，我们自己把名利放得干干净净，做圣贤教育的事业首先要放下名闻利养的这个贪着，要放弃得干干净净，我们的根基才牢、才稳，往往是这一些根基不牢的人，一开始好像是满顺利的，但是到最后很容易倒。现在我们看到像我们中国政府提倡恢复传统文化，十七大报告里面特别提出要重建中华民族的精神家园，要把传统文化带动起来，所以我们看到推动传统文化的这些老师如雨后春笋一般都冒出来了。不仅是我们学《弟子规》的老师们，还有很多大学的教授、学者，只要过去读过几遍《论语》，或者是《四书》，或者是懂一点传统文化，出来都能讲得头头是道。可是，讲得好是一回事，但是自己能不能够真正做到，譬如说这《孝经》里面讲，能不能够“行成于内”，你的德行能不能成就，那这个动机一定要纯正才行。什么叫动机纯正？要把名利的思想扫除得干干净净，让意地清净才行。如果心地上面还有这些名利夹杂在里面，因不正，果也就不正了，他就很难真正成就真实德行。我这次在台湾，有幸见到我们徐醒民老师，他也谈到这一点，他说，讲儒一定要加上佛法。佛法高明之处是什么？以出世之心来做入世的工作，如果不发心出世，难免受到名利的污染，这个很难避免。我们没有名利的时候觉得自己可以胜任，名闻利养一现前，根基还是不牢固，所以要以出世之心来做这桩事情那才能做得圆满，才不会有错误，或者是缺失。

关于名和利，孔老夫子没有讲得像佛这么彻底，他只是说“不义而富且贵，于我如浮云”，这个富贵、名利，因为名后面就跟着利，成了名自然就有利，这些属于不义。什么叫不义？我心里贪图这个，来做事情就是不义。真正是全心全意为了恢复圣教，为了利益万民没有自己，那才叫做真正的义。孔老夫子把这些名利看成浮云一样，释迦牟尼佛告诉我们，这些都要把它全部放下，这属于贪。贪，这个烦恼要放下。所以广扬名，就是自己认认真真地做，做世间的好榜样，可是绝对不能有名利的思想，让名立于后世就好。

第十五章　谏诤章

"谏诤章"，我们先把经文一起念一遍：

【谏诤章第十五。曾子曰："若夫慈爱恭敬，安亲扬名，则闻命矣。敢问子从父之令，可谓孝乎？"子曰："是何言与。是何言与！昔者天子有争臣七人，虽无道，不失其天下；诸侯有争臣五人，虽无道，不失其国；大夫有争臣三人，虽无道，不失其家；士有争友，则身不离于令名，父有争子，则身不陷于不义。故当不义，则子不可以不争于父，臣不可以不争于君。故当不义，则争之。从父之令，又焉得为孝乎。"】

夫子讲这一章，也是非常重要。为什么？因为通篇《孝经》讲到这里都让我们爱敬父母、顺从父母，但是有时候就会让人产生一种错觉，一味地顺着父母的意思去做，不分好坏，照样去做，这是不是就是孝亲？孔老夫子帮我们更正了这个偏颇的思想，所以讲这一章"谏诤章"。"谏诤"就是给父母劝谏，让父母改正过失，父母不是圣人，难免就会有过失。有过失的时候真正的孝子不是一味地去顺从父母，看着父母做出错事情，甚至帮助父母造恶，这就不是真正的孝。这是什么？陷父母于不义。因此，真正的孝子要有劝谏帮助父母改过自新的义务，所以夫子给我们讲这一章的经。父子如此，君臣亦如此，其实夫妇、兄弟、朋友不都是如此吗？都是要有谏诤的精神。这种劝谏他人改过是出于一种爱心，不是为了指责他、批评他，或者是发泄，不是这样，而是真正爱心帮助他提升，免于他造恶受果报，免于陷他于不义，所以这还是出自于真诚的孝心。曾子在这里也是替我们发问。我们很感谢曾子，他的确想得很周到，问出我们心里面存的疑虑。

所以"曾子曰：若夫慈爱、恭敬、安亲、扬名、则闻命矣。"这是夫子前面已经给我们在《孝经》里面讲到我们对父母要恭敬，要使父母心安、身安，这都是尽孝，自己要立身行道，扬名于后世，为社会、为后世子孙做一个好榜样，这些都是在行孝。曾子已经听明白了，"闻命矣"。你看曾子了不起，他都明白，咱们明不明白？明白了就要去做，这才叫"闻命矣"，就是闻了之后受命去做，依教奉行，听懂一句就干一句，依教奉行，这是真正的好学生。所以曾子是夫子《孝经》的传人，后人称他为宗圣，他也是夫子一个了不起的大弟子，夫子是大圣，他是宗圣，为什么？他就是能够闻即信受，闻即真干，这是"闻命矣"。

这里他又问了"敢问子从父之令，可谓孝乎？"这个"敢问"前面有说过，是一个极其谦虚的说法。他不是质问，对老师提问题的态度很重要，如果是很傲慢的问，或者是考问，考考这老师知不知道，或者是故意刁难的问，质问，这些问题提出来，老师是可以不回答的。佛法里面也谈到这个问题，说如果有人请问佛法，问得不如法，可以默摈，沉默不语不跟他讲。为什么？他不是受教的态度，他不是来跟你学，而是故意来考考你，看你水平怎么样，甚至他来刁难你，让你下不了台的，最好是默摈，沉默是最好的回答。这些我们都要学会，出去外面，因为我们也是（至少我本人是这样，）学的是半桶水，有很多人可能他知识很多，故意来问你，这个时候你看他的态度，你即使是能够回答，也可以不用回答。遇到曾子这样的好学生，夫子就不能不回答了，你看看"敢问"非常谦敬。

所以他问什么？儿女如果一味顺从父母的命令，父母说怎么干他就怎么干，不分好歹，这算不算是孝？夫子怎么回答，夫子反应还是满强烈的，他说“是何言与！是何言与！”连讲了两次，这句话用我们现在话来讲：“这是什么话！这是什么话！”说明什么？曾子所提的这个问题，他理解错误，其实不是曾子理解错误，他是代我们请问。我们心里容易产生这些错误的思想，以为一味顺从父母那就是叫尽孝，这是错误的。这道理很深，所以孔老夫子说“是何言与”。为什么？如果不分是非、好丑，盲目顺从父母，这就是成就父母不义的行为，这是大不孝。所以顺，要知道如地去随顺，帮助父母、成就父母；假如他是违背性德的，那我们不能盲目随顺，而应该善巧方便地帮助父母改正他的过失，这个心才是真正的孝顺。

夫子在这里给我们举例来说明，他说“昔者天子有争臣七人，虽无道，不失其天下”。这举出过去，“昔者”就是过去，做天子的人，只要他手下有七位争臣。这个“争臣”是什么？敢于劝谏的，敢于坚持真理，不是那种阿谀奉承，盲目去顺着领导意思的人。有这些人在，他就能够匡扶正义，能够帮助天子，帮助领导避免过失。所以即使天子是一个无道的昏君，不明白事理的，有这些人辅佐，他也不失其天下，他的天下也不会灭亡。怕就怕什么？这些天子昏庸无道，把忠臣都给杀掉，那就完蛋了！夏朝最后的皇帝夏桀，商朝商纣王，他们之所以被灭亡，都是因为这个原因。实际上有好的领导，身边必定是有好的忠臣。有忠臣在，这是一国之福，他能够有安定社会这样的一个效果。

下面“诸侯有争臣五人”，这是讲完天子就讲诸侯，诸侯这个级别就下一级，就是一国之君。像周朝八百诸侯，他们都有他的封地，一国的君主，那用现在来讲，用天子可以比喻国家主席，或者总统，这个诸侯可能是一个省的省长，或者一个州的州长等等，这是地方的领导。他有“争臣五人”，有忠臣义士来辅佐他们，有五个这样的人，他“虽无道”也“不失其国”。所以有好的帮手，辅佐的人多么重要。刘备本身他谈武打，就不够关公、张飞厉害；谈调兵遣将、出谋划策、运筹帷幄之中决胜千里之外，他远不如诸葛亮。但是他竟然能够三分天下，建立蜀国，不失其国，原因就是因为他有很好的辅佐的人，自己虽然没有什么能耐，他有国家能够安定，哪怕是他儿子阿斗刘禅，现在我们把阿斗作为无能的代名词，他这么无能，虽无道，他也最后不失其国。当然辅佐的人失掉了以后，他才会灭国。所以可见得这些忠臣义士是宝，聪明的领导一定是懂得任用贤才。

“大夫有争臣三人”。大夫是讲卿大夫，国家里的重臣，他们自己家族里面有家臣，有三位这样忠心耿耿的、能够坚持真理、能够劝谏自己的主人的这种帮手，他自己“虽无道”也“不失其家”，他的家道也不衰！

这里讲天子、讲诸侯、讲大夫，你看，他用的数字不一样，天子说七人，诸侯说五人，大夫说三人，每下一级降两个人，这个是表法的意思，说明什么？这是因为有尊卑不同，所以用七、五、三，每一级降两人，这是一种表尊卑不同。在《左传》里面也是用这个方式，说“自上以下，降杀，以两”，就是从上面每降一位，降两个数字这是符合礼的。

到“士”，“士人”就是我们讲的读书人，他就讲一个人，“士有争友”。什么是争友？真正能够直言相劝，帮助我们提升德行的，这是益友，有这么一个人，那你“身不离于令名”。“令名”就是美名，好名声，你的德行能受人赞叹。为什么？因为你有一个好友来帮助你，你做得不好的地方，他马上劝谏你，让你改正，这是益友。益友便是良师，人有良师益友，当然学业、道业成长就很快。

底下用前面的模拟把这逻辑一直讲下来。你看，夫子说话的学问让我们很赞叹，他提出一个观点之前，先把这个逻辑给你摆出来，让你心服口服。因为一下子说，你儿子要做争子，可能你还有些不服气，所以先从天子说起，天子到诸侯，到大夫，到士，这样说到父对子而言。

“父有争子，则身不陷于不义”，如果父母有能够坚持真理的儿女，父母有过错，儿女能够劝谏，父母他也不会陷于不义，不会做出不道义的行为。为什么？儿女会阻止他，他不会背负恶名。所以，培养儿女学习圣贤教育很重要，对父母也是个很好的帮助。为什么？有些时候自己可能没学，或者忽略了，儿女他看到，他能够帮助父母。

所以“故当不义，则子不可以不争于父”。如果父母有不义的行为，这个“不义”就是不应该做的事情，他做了，不应该说的话，说了，不应该动的念头他动了，这都属于不义。有不义的事情发生，儿女真正孝顺，不可以不争于自己的父母，要劝谏，要帮助父母改过。臣也“不可以不争于君”。尽孝跟尽忠的理是一样，做臣子的对自己的君王、领导也是要极力劝谏，哪怕是冒着生命的危险也要去劝谏。所以古人讲“武死战，文死谏”，武将的光荣是死于战场，文官的光荣是因为力谏而被皇帝杀头，这反而是一种荣耀。所以，“故当不义则争之”，如果父母或领导有不道义的行为，不正确的观念，我们就要劝谏。“从父之令，又焉得为孝乎？”所以仅仅是盲目的跟从，听从父母的号令，怎么能够称为孝？夫子给我们说明，顺从父母要看符不符合道义。当然自己首先得明白道义，自己都不明白道义，看到这句话“从父之令，又焉得为孝乎”。父母叫我读《弟子规》，我不读，父母叫我扫扫地，洗洗碗，不做，从父之令怎么能叫作孝？你看，断章取义！所以要不义才争之，要是父母有道义的事情，要尽力而为之，哪怕是父母所做的行为谈不上符不符合道义，很一般的事情，只要是没有违背道义的，我们都应该顺。所以你看给父母洗个碗，这当然应该做。譬如说，一些很小的小事，父母希望我们做的事情，那个事情并没有说得上是非判断，谈不上那么高，分不出善恶，在佛法里叫“无记业”，父母说“吃饭了、吃饭了”，那你就来吃饭就好了，这是顺从父母，不要拧着父母。只有在父母不义的时候，通常这是少数情况，那才有谏诤。

那么谏诤的方法，这里我们也要多讲一些，不讲方法往往会适得其反。《论语》里面有这么一句话说，“子曰：事父母几谏。见志不从，又敬不违，劳而不怨”，夫子告诉我们，事父母，事亲，要懂得“几谏”。这个几是微小的意思，很微细的意思。见到父母有微小的过错，刚刚发动的时候，还没形成气候，赶紧就劝谏了。为什么？刚刚开始容易改，如果等它定型了，它已经发展成型了，你要改它就很难。所以我们平时有那种处处留心父母的言行举止，这本身也是一种尽孝，念念都想到父母，所以很有一种敏感度，看见父母有一点点微细的过错，马上要帮助父母改，不要让它发展，这叫几谏。“见志不从”，如果是父母习气很重，他有一点过错不肯改，慢慢发展，不听你的，慢慢形成大过，还是不能够听劝谏。他不听从，那我们要怎么做？是不是说父母业障深重，改不了，你就放弃了，这也是不孝。任何时候不能有遗弃父母的念头，愈见到父母有过失，愈要生起那种大的愿心来帮助父母，但同时还要更加恭敬父母，“又敬不违”，对父母尊敬，才能让父母生欢喜心。

有一位学长昨天跟我谈到，他说他听到我家里父亲爷爷奶奶都学佛，就想到自己父母，教他们学佛挺难的。我就劝他，首先要让他们生欢喜，他们生欢喜才能听你的，怎么让他生欢喜心？你得恭敬他们，处处表现你很在乎他们，很爱护他们，很关怀他们，愈恭敬他，他才能愈能受谏。所以“又敬不违”，我们尊敬他而且不违我们劝谏的初衷，不能够放下、放弃我们的这个念头，还是处处善巧方便，一有机会就劝谏，不违初衷，不违我们的孝心。即使是父母屡谏不从，甚至父母会怒斥我们，责打我们，我们受很多的辛苦、冤枉、委屈，劳而无怨，不辞劳苦，不怨父母。绝对没有舍弃父母的念头，这是真正的孝。

所以，谏诤之法，确实值得我们去仔细的体会，《弟子规》里面也是这样教导我们，“亲有过，谏使更。怡吾色，柔吾声”。有过失怎么样？要劝谏他们，让他们更正、改正，可是我们的颜色，我们的方式要柔软才能让他接受。“谏不入”，还得“悦复谏”，反复的劝谏，“号泣随，挞无怨”，直到最后，实在不听劝谏了，自己痛哭流涕，受到责打，都劳而无怨，要有这种真诚的孝心。

我们今天是《孝经》课程最后一天，时间过得非常快，六天好像转眼就过去了。这六天来，将近18个小时的学习，希望通过学习孝道，真正有所收获，而能够回去努力地落实。我们接着昨天所讲的“谏诤章第十五”，这个意思还没有完全讲完，我们今天把它继续补充出来。

昨天讲到儿女如果见到父母有不正当的、不道义的这些行为，应该劝谏，帮助父母改过，断恶修善，这才是孝道。但是给父母进谏，也好像臣子对君主进谏那样，要非常注意方法，如果方法不恰当，可能进谏没有效果，反而适得其反。昨天我们讲到“谏诤之法”，在《论语》里面有一段话，这是孔老夫子的学生子夏所说的，这句话是说“子夏曰：君子信而后劳其民，未信则以为厉己也。信而后谏，未信则以为谤己也”。这里说到君子最重要的是取信于人，当我们取信于人的时候，请别人帮忙、服务，或者是给人劝谏，那才有效果。所以这里讲的“君子信而后劳其民”，这个“劳其民”就是请人帮忙、服务，对方要对我有这种信任度，有这种尊重的心，那我们请他帮忙，这才可以。如果他对我们不信任，不尊重，那我们叫他做事情，他会以为我们在占他的便宜，或者是故意来役使他，这会让他心里很不好受。不好受就会生怨，对立、矛盾就很容易发生。如果见到别人有错误、有缺点，要进谏，要信而后谏。假如他对我们没有信任度，我们指出他的毛病、缺点，很可能他会认为我们在批评、毁谤他，故意的来为难他，这会让他生起反感，不仅他没有办法改过，反而会更加地引起激烈的矛盾，甚至还会变本加厉。

所以这个“信”很重要。怎么样能够做到取信于民，取信于人，关键还是自己要修德。譬如说我们想要请人家做事，那我们能不能够首先施恩于人，关怀别人，先给人帮助，然后才请人帮助。在别人来跟你做事的时候，你也能够身先士卒，你带头先做，不是说你让别人做，自己在那里袖手旁观，看着别人劳累，自己清闲，这也会让人生怨。这个都是取信于民的方法。“信而后谏”，让别人首先要对我的人格有信心，知道我是个厚道的人，不会在别人面前谈人的是非。进谏肯定只是私下里，对他很诚恳的去进谏，绝对不可以在大庭广众底下去说他的过失，这样他面子不好过，下不了台，他会产生逆反的心理。所以进谏态度诚恳，注意方式、注意场合，这才能够让人有这种信任感，那你的劝谏他才能够接受。那儿女对父母的劝谏更需要是这样，因为父母是长辈，儿女是晚辈，晚辈对于长辈，首先就有恭敬，而且要让父母知道自己是对他真诚的关爱，孝顺。有不少的同学来跟我谈起，说让家里人学习传统文化，是件很难的事情，特别是学佛，很难。为什么会难？我们要思考一下，难是果，因在哪里？因这里就是讲的我们还没有信而后谏。

我记得我劝我父亲，还有我爷爷奶奶学佛，是很不容易的事情。我的母亲带领我学佛的，但是，我学了以后要度我父亲和爷爷奶奶，可真是费了好一番力气。学了佛以后，首先自己要改过，要表现出孝顺的样子。那时候我在美国留学，每年都回国探亲一次，这是在留学生里面也不多见的，特别是我们家庭，经济生活并不富裕，自己靠奖学金省一点钱买机票回来探亲。回来以后给他们献上很多美国买的礼品，他们高兴！然后就带他们去旅游。因为靠自己来劝说很难，怎么办？要带他进入一个好的环境。古时候孟母三迁，为什么三迁？为了让儿子能够有好的学习环境。这是做母亲的良苦用心。那母亲对儿子能够这样，那我们现在反馈给父母，也是需要这样的用心！教育也是双向的，不仅是父母教儿女，儿女学有所成，也应该回馈，教导父母，这是报恩！要教导父母更需要有艺术，不能硬来，不能说你怎么还吃肉？杀生？罪业深重！行了，几句话一下去，他可能跟你大门永远就关上了，很难再进谏，所以一定要善巧方便。

当时我就出钱带他们出去旅游，我爷爷奶奶一辈子都没坐过飞机，我说："爷爷奶奶，这次我们旅游，我包您，咱们坐飞机旅游。"因为他们一辈子是农民，所以他们很高兴。我们去哪？去黄山，黄山是最美的山，古人讲"五岳归来不看山，黄山归来不看岳"。黄山是很优美，去黄山顺道咱们可以去九华山，九华山是地藏王菩萨道场，很近，就顺路去那边。他们看到了，在有佛法的环境里面，他就比较容易入门，看到别人都那么虔诚的敬香礼拜，他也就跟着敬香礼拜了。看见别人捐献布施，他也能够发心捐献布施。然后再请位法师跟他讲一讲佛法，不要自己讲！要请法师来讲，法师功德很大，因为你们的形象在这里一端坐，就会让人有肃然起敬之感。慢慢地这样导引，他对佛法慢慢认识，知道它不是一个迷信的宗教，是一门教育，是帮助我们认识宇宙人生真相的教育，能够帮助我们离苦得乐的教育。所以认识之后，他就肯学了。从一开始，我父亲是反对我学佛，反对得很激烈，到现在，他自己念佛念经，比我念得还多。这是什么？“信而后谏”。让他知道你对他是真孝顺，你是真正关怀他，希望他好，你介绍的东西必定是对他有好处的，他先通过相信你的人格，然后相信你所介绍的东西。所以我们要从事传统文化教育，这一点很重要。“信而后谏”，首先让别人能够相信我们，要做出个好样子来，我们教别人德行，自己要先把德行做出来。你教人孝道，自己要是不孝，那你说得再漂亮，人家也不相信。所以我们自己先要做，做到了以后再说，这个效果才好。

刚才是讲如何进谏，那反过来，如果我们有进谏的一些同修道友来帮助我们，对我们自己的学业、道业增进肯定是很快的，所以良师益友必不可少。在我们学道的道路上，如何才能得到益友？我们往往会羡慕别人，这个人真好，你看有这么好的同窗道友，能够互相帮忙，能够互相直言相劝，提升得很快，这很令人羡慕。那我们为什么自己没有？原因是在别人还是在自己？所以一切都是反求诸己，是自己有问题。那如何能够得益友的劝谏？《孝经》这里讲“士有争友，则身虽不离于令名”。你能够有一个争友，有一个直言相劝的人在你旁边，你就会保全你的美名，德行就会无缺。那要有这种福分，《弟子规》这句话我们首先要去学习，所谓“闻过怒，闻誉乐，损友来，益友却。闻誉恐，闻过欣，直谅士，渐相亲。”这两句话可以说，把能不能够得到良师益友的根本、关键为我们说出来了，这关键还是在自己。如果我们听到别人批评我，讲我的过失，我就很生气，甚至要起来反驳、辩解。听到别人赞叹我，我就很快乐，飘飘然，那么你得到的是损友，不是益友！因为真正的益友是正直的，他们不会奉承你，巴结你，只会希望你能够真正在德行学问上提升，所以见到你有过失，肯定直言相劝，这些是益友。我们如果没有接纳的意思，反而为了自己的面子来文过饰非，当然益友就会离开，来的都是损友。什么是损友？那些巧言令色的，说话说得很好听，都来赞叹、奉承你，让你天天都飘飘然，飘到最后，飘到天上，掉了下来，摔得粉身碎骨，这些是损友！

所以，如果我们能够“闻誉恐，闻过欣”。别人赞叹我，反而让我们诚惶诚恐，所谓受宠若惊。为什么？听到别人赞叹，马上想想自己有没有真实德行学问，堪不堪受别人这样的赞叹，这样的尊重。古圣先贤尚且谦卑自牧，我们跟古圣先贤差远了。哪里敢有一点点自以为是，自己觉得很不错了这些感觉？所以人愈是赞叹，愈是惶恐，怕的是自己德行不真实，虚受赞叹会招致横祸。《了凡四训》上面讲，往往人得到虚名而无其实，多有横祸，多有奇祸。我们惧怕灾祸临头，所以诚惶诚恐，远离人家的赞叹，更不敢内心里起傲慢。就像印光大师，民国时代的三大高僧之一，印祖，净土宗第十三祖，以什么名号自称？“常惭愧”，自己称为“常惭愧僧”。一天一天地反省，惭愧心不断地生起来，愈学愈知道自己不足，愈修愈惭愧，我们看到祖师大德都是这样。蕅益大师写了一个八不道人的诗，自己称为“八不道”。八不道人，说自己什么？“浑身过失如芒”，自己一天一检查，全身都是过失，像芒刺一样布满全身，但“犹幸不敢覆藏”。幸好还不敢覆藏自己的过失，敢于发露忏悔，这是祖师大德的风范。弘一大师说自己是“二一老人”。什么叫“二一老人”？他是引古代人的两句诗，说自己是“一事无成，人渐老；一文不值，何消说”。你看这样深厚的德行，戒德高远，高僧大德，尚且谦卑自牧，我们怎敢有一点点骄慢心？我们的德行跟他们比差得太远太远了。真的像我们师父讲的，给别人提草鞋的资格都没有。当然闻誉要恐。

“闻过欣”，听到别人讲自己的过失，才欢喜。为什么？自己看自己的过失难！“不识庐山真面目，只缘身在此山中”。自己看自己是太难了。别人能够看到我们的过失，能够给我们讲出来，这是慈悲！绝对对我们进德修业有好处，所以我们很欢喜，很感恩，这是我们的善知识。我以前幸好从小得到母亲的严格的栽培，因为什么？我母亲说话是很厉害的，我有一点过失都毫不留情地指出来，所以从小就已经养成一个好习惯了，听到过失至少不会怒，反而觉得这很好。有人来帮助我改过自新，进步才快。母亲告诉我，说“真正能够指出你过失的人，这世界上不会很多。父母会指出你的过失，老师会指出你的过失。除了老师、父母以外，恐怕其他人都未必会指出你的过失。即使是很好的朋友，别人看到，信而后谏！你对他不信任，或者你是闻过怒，闻誉乐，他怎么会跟你讲过失？所以真正能讲我们过失的人是我们的大恩人。有这样的一种态度，那才会招感益友良师”。“直谅士，渐相亲”。这个“直”是正直，他是一个正直的人。这个“谅”当信字讲，就是真正诚信的朋友，他来帮助你。所以我们希望有人给我们谏诤，而得到进德修业，身不离于令名，这一点很重要，“闻誉恐，闻过欣”。

第十六章　感应章

我们一起把这章经文念一遍：

【感应章第十六。子曰："昔者明王事父孝，故事天明；事母孝，故事地察；长幼顺，故上下治。天地明察，神明彰矣。故虽天子，必有尊也，言有父也；必有先也，言有兄也。宗庙致敬，不忘亲也；修身慎行，恐辱先也。宗庙致敬，鬼神著矣。孝悌之至，通于神明。光于四海，无所不通。《诗》云：'自西自东，自南自北，无思不服。'"】

这一章讲感应，这是跟天地鬼神能够感通。我们人心能感，天地鬼神能应，这里讲到我们是以孝悌所感，天地鬼神必以福报来应。人之行，莫大于孝，百善孝为先。清朝乾隆年间，有这么一个故事，在福建莆田这个地方，有一个很有名气的算命先生，叫冯赓，因为他算命算得很准，得到不少的收入。他也给自己算命，算自己有两个儿子，而且儿子都不错，都能够考上功名，都能够显贵，他自己当然就很高兴了。可是他年过五十岁，还是没有看到自己的儿子发达，他自己就很苦恼。因为他这两个儿子，不仅不能够勤奋好学，而且还不务正业，跟他所算的命好像很不一样。他自己确实也算得很准，他想不通，很苦恼。听说在福建武夷山有一位很有道行的道长，叫一目道人，于是就上山去请教这位道长，问自己为什么算两个儿子算得不错，可是好像现实不是这样的，到底怎么回事。这一目道人就跟他讲，说："命之不灵，乃心术之变也"。你的命不灵了，是因为什么？是因为你的心术变了。道人就告诉他说："人，德行里面最重要的就是孝道。你自己已经得罪天条很久了，你自己想想，反省反省！"这个道长是很有功力的，居然全部都知道。他说："你看你生平，吃穿用度都很好，而且对妻妾也特别钟情。可是你奉养自己的父母却是平平淡淡，爱自己父母的心远不如爱自己妻妾的心。你仔细想想，妻妾不是生你的，是半路跟你相识。父母是生育你的人，像树之本，水之源，你怎么能够爱妻妾过于爱父母？现在你赶紧回头，至少要以爱妻妾之心爱父母，才能息鬼神之怒！"

算命先生一听道长这一番话，非常的惭愧、非常的震动。于是就忏悔、改过。他拜谢道长归去，回到家里，真的就回心转意、改过自新，侍奉自己的双亲不敢怠慢。确实，古人的伦理道德、因果教育的根很深，所以一听到人指点，他就能回头，马上改过，这也是难能可贵。所以他回去改过之后，他两个儿子很快就回头，从原来不务正业，变得非常纯良，而且后来确实也比较显贵，帮他保持这个家业。所以我们能看到，人以善感，天以福应。这个善首先讲的是孝，以孝来感天地，天地必定会降下福分。假如不孝，天地必定降下灾殃。所以这一章感应章，实际上就是《孝经》里面的因果教育，前面讲了伦理道德讲得很多了，这里给我们再讲讲因果。《太上感应篇》里面说："祸福无门，唯人自召。善恶之报，如影随形。"祸与福，凶与吉，不是天有什么意思强加给人，都是我们自己善恶行为招感来的，就像影子跟着身体一样。如是因，得如是报，很平等、很公平。

过去我们如果做了错事，譬如说对父母不孝不敬，现在学了《孝经》，读了《弟子规》，明白自己错了。不错，能明白自己的过错，这叫开悟，开悟之后，就得修行。修行是修正自己错误的行为，改正过失，断恶修善。天不惩罚改过之人，所以《感应篇》里面曾讲："其有曾行恶事，后自改悔，诸恶莫作，众善奉行。久久必获吉庆，所谓转祸为福也”。我们想转祸为福，改造命运，完全是可能的。而且改造命运之权，掌控在自己手里。《了凡四训》就说得非常的清楚：“命由我作，福自己求”。这个关键就在于自己能够“后自改悔”。所谓改悔，就是后不再造。能够诸恶不作，众善奉行，你必定得到吉庆。“久久必获吉庆”，这个“久久”有多久？这个时间不是固定的。时间本身就是一个很抽象的概念。现在科学家都已经知道，爱因斯坦就说“时间和空间都是人类的错觉”。他用相对论已经证明了，时间完全是可变的，是由物体相对运动速度决定的，时间是假的。所以“久久必获吉庆”有多久？这个因人而异，看我们的心了。如果我们勇猛改过，一心精进，努力修善，不久、很快福报就现前了。假如我们因循懈怠，那可能就很久了。所以完全看我们自己用功程度的深浅来决定。

在理论上讲，改造命运是一念之间，念头一转过来，命运就改了。为什么？因为这个境界、这个宇宙都是我们念头所生的，念头是宇宙的本体！有念头才有宇宙。就像人做梦似的，大家都做过梦，是从我们做梦的念头里生的，念头是梦境的体，它的根源。现前这个宇宙如同梦境一样，也是从我们的心念当中生出来的。所以心念一改，这个宇宙就改了，你的命运也就改造了。断恶修善，从念头上下功夫。这叫从根本修，那么改命运才改得快。所以这“感应章”我们来认真的学习。《孝经》里面假如不讲“感应章”，这个道理就讲得不圆满，有伦理、有道德，不跟我们讲因果，这个确实是不圆满的。人只有知道因果之后，才不敢作恶。知道天地鬼神真的每天都在监察我们，哪敢有丝毫不孝的心生起来？这是帮助我们努力地落实伦理道德。

所以这第一句话说：“子曰：‘昔者明王事父孝，故事天明；事母孝，故事地察。长幼顺，故上下治’”。“昔者”是讲过去，孔老夫子之前的那些古圣先王。“明王”这个明是有智慧、有道德、有学问的人，这种国君、天子叫明王。具体的说尧舜禹汤、文王武王，他对自己的父母能够尽孝，侍奉父母无微不至，那么他们对天地就能明察了。因为天地，这是讲到自然，自然的环境都是我们心性当中所变现出来的。这个宇宙是“唯心所现，唯识所变”的，一切法是心想生。所以我们能够尽孝，孝心可以把我们真心本性当中的智慧德能开发出来，它像是一把钥匙，启发我们自信的宝藏。《华严经》里讲的“众生皆有如来智慧德相”。这个如来智慧德相，现在好像被藏起来了，显不出来。被什么给覆盖住了？“但以妄想执着不能证得”，被我们的妄念、妄想、分别、执着给障覆住了。

我们用什么钥匙能够最快地打开我们的如来藏性？最好的钥匙就是孝道。所以这里讲，事父母孝顺，就能够事天地明察。用孝心去彰显我们的性德。性德开显了，我们的如来智慧也开发出来了，对天地、万物都清清楚楚、明明白白，这是古人赞叹如来无所不知、无所不能，这叫明察。所以真正把孝尽到圆满了，这个人必定是了生死了，他把生死的问题都解决了。不仅把生死问题解决了，他度众生的愿也都圆满，这叫做天地明察。

“长幼顺，故上下治”。这讲到礼了。在体上讲众生平等，但是在相上讲，必须遵循长幼之序，这个宇宙才不会乱。就像天地，你看万物都有它的顺序。太阳系里面，你看地球都围着太阳转，九大行星各行其道，都有它自己的轨道，不会乱。如果地球走到了火星的轨道上，火星撞到了水星的轨道上，就乱了，太阳系就爆炸了。所以在相上必定要讲求次序，这就是礼。能够顺着礼而行，必定是长幼顺。“长幼”，这是包括年龄的长幼，当然也包括地位、辈分等等。能够顺着礼而行，自然上下都安定了，这是上下治。所以和谐社会要靠什么？靠礼。这个“礼”，我们前面讲的，根本在于敬，互相尊敬、尊重、敬爱，互相关怀、互相帮助、互相照顾，而又有长幼之序，这样的社会才能够安定持久。

下面讲：“天地明察。神明彰矣”。因为人有孝心，他侍奉天地也能明察。就是对于天地万物都很清楚，这种人实际上就是圣人。圣人就是一个明白人，对宇宙人生真相都明了了，他才能叫做明察。天地能明察，

“神明彰矣”，能够感动天地鬼神降临护佑，所以能感之心就是孝心。有真诚的孝心就有智慧，观察事物能够明了，知道什么事该做，什么事不该做。只做道义的事情，心地纯净纯善，自然感得天地鬼神护佑，这个福报就无穷尽了。这个“彰”，也有彰显我们自性智慧德相的意思。这个“神明”也可以解释为我们自己的智慧德相。你看“明”，就是智慧，明白了。“神”，就是德能，就是相好。用什么来彰显？用孝心来彰显。所以勤修孝道，彰显性德。

在这里要提到一个古代孝道的故事。“事父孝，故事天明；事母孝，故事地察”。如果真正有孝道，他对天地万物也就特别的有这种敏锐的观察力，原因是他能够很敏锐地观察父母的需要。父母的一言一动，这孝子都悟心，很留心、很在意，所以这种细心养成以后，他去观察宇宙万物，他也就细心了。现在就是因为科学家们能够细心观察这些天地万物的规律，才总结出一套套科学的规律和理论。在三国时代，也有一位科学家，叫陆绩，他小的时候就很孝顺。“陆绩怀橘”这个典故，是讲这个小孩六岁的时候，他跟他的父亲去到一位官员家里做客、吃饭，结果这位官员招待他们很好吃的橘子，陆绩就偷偷地藏了两个。结果在离开的时候，这个橘子不小心滚到地上去了，被主人看到了，就开玩笑地对他说：“怎么你还偷橘子？”陆绩说：“不是，这是我自己的那一份。因为我妈妈很喜欢吃橘子，所以我给她带回去两个。”这么小的孩子就已经有这种敏感度，能够观察出自己的父母喜欢什么。所以他长大以后，就成为一个科学家，他博学多才，通晓天文地理、历算，也作过《浑天图》，批注过《易经》。这是古代的科学家。

我们现在讲科学时代，其实真正的科学还是从德行里产生的。人对规律的、客观事物的观察敏锐度，从小在家里养成。渐渐地形成这样的一种对于自然界的敏锐观察度，爱心也就慢慢长成了，对于一草一木都非常的关心。孔老夫子曾经说过，“断一树，杀一兽，不以其时，非孝也”。这里讲到的孝不是狭义的只对自己父母，而是对待一切万事万物，都有这分爱心。你看要砍一棵树，或者是杀一只走兽，儒家没有让我们戒杀断恶，但是它告诉我们，杀众生，吃众生肉都要有一个时节，不能够想吃就吃、想杀就杀。如果“不以其时”，不按照时节、不按照这个规律，这也是不孝。所以这需要我们有这种天地明察的敏感度。下来经文讲：“故虽天子，必有尊也，言有父也，必有先也，言有兄也。”所以像天子这样高位的人，那是位极人尊，最尊贵的，但是他自己还是有他所尊贵的人，那是谁？自己的父母！虽然自己是天子，但是他也有父母。哪怕是父母不在了，他在父母的像前、父母的灵位之前，还是要行子礼，就是子对父之礼。“必有先也”，就是比他年长的，走路可以走在他前面的这些人，那是指他们的兄长、长辈。这个“兄”，不仅是亲兄（就是亲哥哥），也包括堂兄、表兄，族人里面的叔伯、兄长，这些都是属于我们应该尊重的。

下面讲：“宗庙致敬，不忘亲也”。宗庙是敬祀祖先的地方，天子每年都要在宗庙里面祭祀祖先。而祭祀要有诚敬，祭神如神在。所以我们祭祀祖先，好像祖先就在我们眼前，这是不敢忘记自己的父母，忘记自己的祖先。天子依然要恪守孝道，这是为民众做一个好样子。

底下讲：“修身慎行，恐辱先也。”做天子也要自己修身，不是说他位极人上了，他就为所欲为了，不是，他也要遵守礼法，也要遵守伦理道德，这是“修身慎行”，谨慎自己的行为，不敢辱没自己的祖先。如果自己放肆、造恶，很快就会把祖先的基业给毁掉。因为他有这种孝心，有这种责任感，所以他会修身慎行。“宗庙致敬，鬼神着矣”。人，就像天子这样高位的人，对于自己的祖先都能够祭祀，都能够诚敬，都能够自己修身慎行，不敢辱没祖先，自然就能够召感祖先在天之灵，来到宗庙里面受享，受这些子孙的祭祀。这个“着”，就是他来享用我们的祭祀。这里就是说到，人要以诚去感，才能够有天地鬼神来应。对所有的人，修身慎行都适用，不仅是天子，像《大学》里面讲的“自天子以至于庶人，一是皆以修身为本”。我们如果能够常常这样想，那就是尽孝。

我给大家做一个自己简单的汇报。前面我也跟大家报告过，在2006年，我立志放下自己的工作，走上学习圣贤文化的道路，那是我们师父上人的召感。当时我母亲带着我，那是2006年9月27号到师父那里去拜师，希望师父慈悲收纳，写了这个“送子拜师文”，“送子拜师文”于是就成为我不断地在这条路上反省、对照，有没有违反母亲愿望这样的一个很好的教材。我在这里跟大家分享其中的片段，也是在大众面前来自励，请大家来监督我，修身慎行，不敢辱没自己的双亲。我母亲是这样写的：

思惟师父上人的行持，从二十六岁开始学习圣教，三十三岁出家，至今八十高龄，仍每天坚持讲《华严经》，正是“度诸有情，演说正法”、“常以法音，觉诸世间”。您诲人不倦的教学精神，您善满天下，爱遍法界的心行，受到各国人民的尊敬。您为我们树立了温、良、恭、俭、让的榜样，您展示了格物致知、诚意正心、明德、亲民、至善的风范，您示现了“菩提高广，忍辱如地”、“住真实慧”，能仁寂默的风度，您表现了“庄严清净平等觉”的风采。你启发我们认识如何从一个平凡的人走上觉悟之路，而实践圣贤之道。师父上人，这条路您走成功了，我看明白了。我很乐意让我的儿子，也是我唯一的孩子钟茂森，走您走过的路，全身心投入学习圣教，弘扬圣教的工作。

常听师父上人讲经，常忆释迦牟尼佛舍弃王位去追求真理，求道证道，而后觉悟众生，让天下生灵离一切苦，得究竟乐，岂不感动！我支持茂森“捐志若虚空，勤行求道德”，做一个像佛陀那样自觉、觉他、觉行圆满的教授！师父上人年轻的时候，曾受教于三位老师。方东美教授教您哲学，启发您学习人生最高的哲学——佛学。章嘉大师为您指点人生的道路；李炳南先生教您学儒、学佛的课程。现在我觉得您本身兼具这三位大德的特点，遇到您，我们很幸运！我儿子拜您为师，必能得兼收并蓄之美，恳请师父上人加意指导！平素我们母子相依为命，今儿子立志作圣贤，我虽无孟母之德，却愿效法六祖惠能大师之母，送子出家！

师父上人，您曾说过一句名言，“圣贤是教出来的”，好得很！我今天就把儿子送给您调教，希望茂森在您的指导下，专心修身弘道，并效仿您当年“不管人、不管事、不管财”，专一潜心治学，自度度他。仰慕孔老夫子、佛陀，从今而后，我们要过觉者的生活！至诚感恩师父上人，您的教诲我们现在更加懂得宝贵和珍惜。愿您长住，弘法利生，觉者会源源不断！祝您健康长寿！平安吉祥！赵良玉携子钟茂森顶礼敬呈。2006年9月27日于香港。

这一篇“送子拜师文”，我常常拿出来读诵，每读诵一遍，就是自我勉励的过程。今天看到《孝经》这一句“修身慎行，恐辱先也”。母亲对我这样高的期望，假如不能够努力地修身立德，那真是有愧于父母，有愧于师长。我们既然立志要走上这条道路，这条道路是圣贤的事业，那我们首先要修养圣贤人的品德。所以修身慎行，不敢放肆、不敢自欺，生怕辱没自己的父母、师长，以及我们的老祖宗。因为我们自己要想到，走上这条路，也就是代表了中华文化的实践者。你的样子、你的行持正代表着中华传统文化，老祖宗的德行要在我们身上演出来。人能够处处有这种孝心，必定能够感动天地鬼神。

接下来，我给大家讲一个“孝悌之至，通于神明，光于四海，无所不通”的故事。这事发生在几年前。这是在2004年初，由中共中央评出的十大孝子之一，叫戴永胜，这个人是个很平凡的人。他是山东枣庄的一个煤矿工人，初中文化程度，家里也很贫寒。他在煤矿打工，挣钱养活自己的母亲。后来他母亲不幸患了癌症，病得很厉害，已经是变成不治之症了，医生已经放弃治疗，对戴永胜讲，“你可以给母亲去办理后事了，基本上不会超过两个月”。戴永胜看到母亲受病苦的煎熬，常常是发烧、呕吐、神志不清，心里非常的痛苦。“病则致其忧”，所以他就发愿一定要把他母亲的病治好。这在医生眼里看是不可能的事情，可是孝子发起真纯的孝心，他要去改造他母亲的命运，结果他真干了。

既然医生已经放弃治疗了，他不去医院，他去哪里？到民间去遍访那些名医。这些老医生他们可能有一些偏方，治癌的良方，他就去找。为了寻医找药，他走遍了九个省，有时候是徒步长途跋涉，三天三夜都不停止。通过如此努力，他找回来了有总共150多个治癌的良方，他自己都成为治疗癌症的专家了。结果他自己每天就按照方子上写的这些药，抓来，然后自己煎，煎完药之后给他母亲去喝。结果到了半年以后，他母亲好转了。又到医院去检查，结果医生吓了一跳，怎么你还活着？然后看看她的癌细胞已经缩减了70%，换句话说，她已经好了七成。医生都惊叹，说这是医学史上的奇迹。

大家说一说，这个奇迹是从哪里来的？孝心！“孝悌之至，通于神明，光于四海，无所不通”。他的孝心达到了真纯的地步，通于神明了！感动天地鬼神！我们说天地保佑，鬼神加持。怎样通于神明，创造奇迹？江本胜博士的水实验就是我们最好的一个例证。你看他做的这个水实验当中，他发现水的结晶对人的心理会有反应。当我们人的心起恶念，对着水起一些恶念，譬如说“你真恶心、很讨厌”，结果在这种心态下，等这个水结晶以后，你去用显微镜观察，它的结晶很难看。你看相片，左边这幅图，很恶心的。结果换一个心态，你用爱、用感谢来对水，你发现水结晶就很美。这是同样的水，竟然产生不同的、截然不同的结晶。说明什么？连水对于人的心态都产生反应，所以心能转境。

我们人的身体70%是水分。这位戴永胜，他每天煎药给他母亲喝，用什么心？孝心！这个孝心产生的水结晶一定是很美。所以喝了这个水很健康，能够转化癌细胞。所以这是什么？我们说奇迹出现了，其实你要真正懂得这个科学原理，这也不是什么奇迹，自然而然感应之道。本来就应该是这样的，不是迷信，不是故弄玄虚，它是一个客观规律。所以，你看人能以孝心所感，他母亲绝症都能治好，这不就是通于神明了吗？这不是无所不通了吗？医生都不通的，到他这里就通了。所以不一定是他那个药方管用，真的是因为他的孝心所感。我们自己当父母有病，能够发起这种孝心，要相信一定会有很好的、不可思议的感应。

我前面也跟大家报告过，说我这次跟大家讲完课之后，回到大陆，准备要隐居起来，照顾我自己的爷爷奶奶。为什么？因为我爷爷奶奶他们现在身体不好，年纪很大了，爷爷91岁，奶奶88岁，而且可能寿命不会很长。他们两位都愿意求生净土，所以我发愿也要好好护持他们，希望能够帮助他们真正往生净土。可是愿虽发了，同时因为我自己现在走这个学习圣道，师父希望我不要离开讲台，每天都能够有习讲。确实，如果讲课，三个月不讲恐怕就不会讲了，学会讲了之后，应该天天讲。那我就在摄影棚里面对着摄影机讲，面前是没有听众的。如果照顾爷爷奶奶，那习讲必须中断了，这真的是两难！自古都是忠孝难以两全，现在我们对师父要忠顺，要听话，要讲课。但是对爷爷奶奶要尽孝，怎么办？自己也想不出头绪，结果请教我们师父。师父告诉我，“这个你要求佛力加持，至诚感通。”《孝经》这里讲了“孝悌之至，通于神明，光于四海，无所不通”。现在我不通，不通不能靠想，想是想不通的，要去感。感什么？放下自己的妄想、分别、执着，不要去想，好好念经，好好念佛，回向。结果自己也觉得想不到，我母亲认识一位居士朋友，她知道我有这个愿心，她来发心来护持，把我爷爷奶奶接到我母亲那边，在那边租了一幢公寓，而且她还带着几个年轻的孩子，可以为老人家做服务。她告诉我：“你可以这样，把老人家接过来，我们一起来照顾他。他要往生，我们给他助念。你在照顾他们的同时，也可以习讲。因为习讲现在很方便，架一部摄影机就可以，在哪里都可以。现在摄影器材质量都不错，有个“小蜜蜂”收音效果就很好，比摄影棚不会相差太远。而且环境那边也清静，录完之后就可以传到网上，那你不是忠孝可以两全了吗？”我听了以后也很欢喜，把事情报告我们师父。师父说：“好啊，这事非常好。”还说那个地方他也知道，对养老来说也是最好的地方。而且师父很慈悲，他马上派人调一部摄影机给我，专门来护持我，让我圆满这个愿。

所以读到这一句，真正想到，人就怕没有孝心，真有孝心，没有做不到的事情。你孝悌之至，就能通，这叫至诚感通。怕就怕什么？还没行孝之前诸多顾虑，思前想后，左右为难。这样那你就办不成事。所以思想不能复杂。心要单纯一点，单纯一点跟自然相应，跟性德相应。那你这个行孝只有一念心，希望好好孝侍父母、孝侍老人，就会有不可思议的感应。诸多的因缘就能来帮助你。

下面引用《诗经》里面一句话，说："自西自东，自南自北，无思不服。"这个是《诗经》里的，出自于"大雅"这一篇，赞美文王的德行。周文王他也是个大孝子，"晨则省，昏则定"天天都能做到。这种恒常的孝心，确实圣人才能做到。由于他有这样至诚的孝心，德行自然感化万民，所以东西南北，四方的百姓都感佩这位圣人的德行，都思慕圣人，都服从圣人，没有不服的。"无思不服"，这就是前面讲的无所不通。为什么？因为孝德是人人本有的性德。你能够行孝，自然能够通一切人的心性。所以大家都能够敬服，所以我们关键还是求自己。譬如是我们如果教学生，学生要是不服，那要回头想一想自己德行不够，德未修，感未至。如果当一个企业的老板，员工不服，老板也要反求诸己，自己也是德未修，感未至。真正有德，他自然就感通。有德此有人，有德的人才能使所有在他周边的人都能够归服他，甘心情愿替他服务。

第十七章　事君章

我们一起把这段经文念一遍：

【事君章第十七。子曰："君子之事上也，进思尽忠，退思补过，将顺其美，匡救其恶，故上下能相亲也。《诗》云：'心乎爱矣，遐不谓矣。中心藏之，何日忘之。'"】

这一段经文很短，是讲如何事君，因为《开宗明义章》讲到孝的三个层次，事亲、事君和立身。这里把"事君"单提出来，作为一章来给我们讲，详细的来讲述。从这里我们也看到《孝经》的文章结构也是很值得我们学习。第一章是提纲挈领，以后每一章都是为我们做开解，主线非常明确。"事君"是什么？出来做事情，古代，就是君主时代为皇帝做事，就是为国家为人民做事。真正有德君子，他什么时候出来，看这个时节因缘。孔老夫子曾经说"天下有道则现，无道则隐"。这天下有道，有什么道？叫讲道德、修仁义，社会和谐，人民都向善，这是天下有道！真正自己有德、有学、有才，应该出来替国家、人民做点好事，所以"有道则现"，应该出来，施展自己的抱负，圆满自己仁爱、化民这个大愿。如果天下无道，则隐。如果你看看这个社会很混乱，父不父、子不子、君不君、臣不臣，父母没有履行责任，儿女又不尽孝，领导与被领导之间也没有道义，这个社会是乱世。不讲道德，不讲仁义，不知因果，为所欲为，物欲横流。这样的时代，君子往往会隐，不出来。为什么？因为出来就是同流合污。所以既然不能够改造社会，那我们就回头独善其身，这是有德君子之所为。绝对不求名闻利养，把富贵都看得像浮云一样。

我们这个时代，到底是治世还是乱世？这个自己来做判断。判断的标准古人都已经讲了，我们在《孝经》当中也说得很多。看这个社会是不是乱世，前面也讲到三条标准。这三条是所谓“要君者无上，非圣人者无法，非孝者无亲”。你从这三条来看，这个世道是不是乱世。“要君”就是什么？人目无长上，不敬尊长，他心里傲慢自大，对谁都不服，看到社会人是不是这样？这个“非圣人者无法”，是不是对于圣贤教育不能接受，甚至会批评毁谤？如果是，这个社会就没有圣贤教育，那必然是乱世。“非孝者无亲”，如果人都不讲求孝道，对父母不恭敬，甚至会做出迫害父母、虐待父母、杀害父母的事情，这就叫大乱之道！我们判断准确之后，选择自己的生活道路。所以我自己看看，真的，我现在最希望的就是隐居起来，好好的深入学习我们传统的文化。道德学问有一定成就了，再出来帮助社会、帮助众生，那才可以是驾轻就熟。现在难！像《地藏经》里讲，众生真的“刚强难化”，太难感化。人都有他自己的因缘，自己有自己的道路。这一章告诉我们，如果人要出来，为国家、为人民做事情，要注意些什么，如何事君。

我们继续来看《孝经·事君章第十七》，这里孔老夫子对我们说到：

【君子之事上也，进思尽忠，退思补过，将顺其美，匡救其恶，故上下能相亲也。】

“事上”的“上”就是指自己的国君、领导，对一个国家来讲，就是国家领导人了，总统或者是国家主席。当然对于每个团体而言都有它的领导，企业有老板，学校有校长，各级的政府都有主管，这里所讲的道理都通用。一个君子，能够尽忠尽孝之人，他如何来事奉自己的长上？这里讲到四条："进思尽忠，退思补过；将顺其美，匡救其恶。"讲进、讲退，这里的意思一般来讲，就是"进"是进朝、上朝，也就是说你真正做事的时候，要尽忠职守。你承担一件事情，把那件事情要做好，要负责任，这是尽忠。"退"，这是讲不做事的时候，或者是退朝了，在家里，没有出门，没有任何工作了，这叫"退"。在家里没出门做事情，要想如何补身之过，如何改过、行善，增进自己的德行、学问，以备天下国家之用。所以真到我们要做事的时候，就可以出来，真正为人民做一番事业。不管是进还是退，这个心都是一样的。在家里行孝，出门尽忠，真诚、恭敬，敬人、敬事、敬物，负责任、有担当。这个心养成以后，那么君子在哪里都能够利益人群。"将顺其美"，这个"将"当行字讲，这是行为的行。"将顺其美"就是讲，如果君（领导）有美善的这些事情，那我们就顺而行之，也就是帮助自己的领导去行善，去帮助社会大众，做一些真正利益社会的事情。

"匡救其恶"，这个"匡"当正字讲，匡正，遇到自己的领导有过恶，人非圣贤，孰能无过？肯定是有过恶，怎么办？君子必定是帮助自己的领导去改正过失，能够让他不要走入邪途，保持正道。这是救他，救他的恶，也就是不要让他堕落。救自己的领导也就是救大众！因为一个领导要是做出一个错误的决定来，这会损害大众的利益。如果是严重的，可能导致人民百姓受很多苦难，我们为了百姓，也要帮助领导去行善。这些行为都是尽忠的表现。从这里可以看到，无论自己是进还是退，做事还是不做事，无论自己的领导是善还是恶，我们都要以一味的真诚心去尽忠、去服务，这叫事君。

能够这样做到，则"上下能相亲也"。上位的人是领导，下位的人是被领导，这里是讲我是属于下位的人，我能够做到"进思尽忠，退思补过；将顺其美，匡救其恶"，跟领导必定能够上下同心，相亲相爱，互相关怀，志同道合，同舟共济，这样的领导与被领导的关系是最美善的。所以君臣如父子一样，臣事君以忠，跟子事父以孝是一样的。

在古代有这样一个故事，讲汉朝“李善乳主”，这个故事也是脍炙人口。汉朝有一个李氏家族，家里原来还是很不错的，很有家境。可是有一次瘟疫流行，李府全家上下都染上了瘟疫，都去世了，整个家族只留下一条命根，是刚刚出生不久的婴儿，叫李续。李府的家人看到府上的主人纷纷都死的死、散的散，所以也趁机去抢夺这个家庭的金银财宝，甚至想要把李府唯一的小主人，这个小婴儿杀害。李府有一位忠心耿耿的老仆，叫做李善，看到这种危急的情形，挺身而出，把这个婴儿救下来，然后逃离了李府。为了避免危险，因为抢夺他们家产的人可能要灭口，所以他就逃到了深山老林里面。在山里头，渴的时候就只能喝山间的露水，饿的时候只能采树上的野果。可是李善是男人，他吃这些东西可以过，可以活命，婴儿不行！婴儿要吃奶。男人没有奶怎么办？所以真的是前面讲的“孝悌之至，通于神明，无所不通”。李善他忠心耿耿，跪在地上哀求上天，祈求让这个孩子能够活命。没想到，几天以后，他竟然双乳流出乳汁，真是无所不通！结果他自己亲自哺乳。每当小孩子哭泣的时候，他就去哺乳，就这样子，孩子就存活下来了。

所以我们看到，人就怕没有至诚心，有至诚心没有达不到的事情。结果李善就在山里面，自己耕种，自己过日子，带着这个小婴儿，慢慢地把他抚养大，可以说是含辛茹苦。后来孩子慢慢养大了，长到了10岁，李善就决心要为这个孩子恢复家业，于是就到当地的官府去鸣冤。后来这官府也主持公道，把谋害李家的这些仆人，通通都进行惩治，而且把财产归还给李家的小主人李续。这个事情发生之后，当地的县令因为非常感佩李善的这种忠主的德行，就上报给皇上。过去做官的人都留心本地有没有什么善人、善行、善事，都往上面举报。如果这一年都没有举报善事、善行，那说明你这个地方官有问题，没有把人民教好。所以古代由这个选拔人才、推荐人才，当官这是第一要务。

当时是汉朝的光武帝，他知道李善这样是很难能可贵的，于是就给李善任命一个官职。李善是做到了太守，太守是很高的官位。他上任的路上，刚好经过李家，因为阔别很多年了，回想到自己过去在李家做仆人的时候，跟主人那种上下相亲的场面记忆犹新，所以他就决定停下轿子，换上过去的那种便服，不穿官服，到李家的墓园那里去祭拜。他拿着锄头锄草，锄着锄着不禁悲从中来，想到过去的一幕幕很感动，放声大哭。对着自己的过去主人的陵墓就说到："老爷、夫人，我是李善，今天我回来探望你们，祭拜你们，希望你们在天之灵能够得到安慰。现在小主人也都长大成人了。"好几天李善都在自己主人的墓园旁边久久不忍离去。李善的德行就给我们昭示出这种忠主的恩义。虽然自己做了太守的高官，仍然没有忘记自己过去主人对他的恩典，所以"事君章"这里讲的四句，李善是完全做到了。君臣之义，叫水乳交融。

所以一个人行孝、尽忠，他是无论在什么样的地位上都可以做得到。"事君章"讲到最后引用《诗经 · 小雅篇》里面的一句诗：

【心乎爱矣，遐不谓矣。中心藏之，何日忘之。】

这是讲善事君上的臣子，心里念念不忘自己的恩主。心爱君，爱君就能忠君。"遐不谓矣"，这种心中爱君的心愿，因为相隔很遥远，不能够亲自在他面前表达，"遐不谓矣"，"遐"是远，距离很远，没有办法跟他说。虽然没有说出来，可是"中心藏之，何日忘之"，心里念念不忘自己的领导、自己的恩主对自己的恩典，所以心里藏着不忘。所以事君之道，可谓也是尽到了圆满。"何日忘之"，哪有一天暂忘？实在讲是念念不忘，无时无刻不在思念主人的恩德。"君"在五伦里面，君臣还有这个关系，但是没有说到师生的关系。那师生在五伦里面，其实也属于君臣这一伦的。做学生的，对老师也能够做到"心乎爱矣"，"中心藏之，何日忘之"，那么这个学生也是可以说尽到了对老师的忠诚。

在国家的这些领导人里面，我们看到"进思尽忠，退思补过；将顺其美，匡救其恶”，共和国第一任总理周恩来，他是配合毛泽东主席。毛主席的功过我们这里暂时不要去评论，我们讲周恩来，作为共和国的总理，非常不容易，能够把尽忠做到了顶点。他曾经说过：“我们要像蚕一样，将最后一根丝都吐出来贡献给人民。”他生活极其的俭朴，自己又没有儿女，他的夫人是邓颖超同志，两个人确实患难与共，非常有德行。为共和国走上轨道，那是鞠躬尽瘁，死而后已。当他死的时候，有一个遗言，是什么？把自己的骨灰洒在江河里，可以做鱼的饲料；洒在耕地上，可以做庄稼的肥料，虽然只有那么一点点，也许还可以最后起一点为人民服务的作用。这是周恩来同志在临终的时候对他的夫人邓颖超所说的话。他要求遗体火化，不留骨灰，真正把自己所有的一切，贡献给人民，直到死了以后还念念不忘。即使是在国家出现问题的时候，文化大革命期间，他也能做到“将顺其美，匡救其恶”，在他手下救了很多的人。所以我们师父曾经有一天跟我讲过，说周恩来就是菩萨。我想想，确实有道理。毫不利己，专门利人，像蜡烛一样，“蜡炬成灰泪始干”，“春蚕到死丝方尽”。那么这是事君。事君在我们现在来讲，就是为国家，为人民。

第十八章　丧亲章

下来我们把最后一章学完。我们首先一起把这章经文读一遍：

【丧亲章第十八。子曰："孝子之丧亲也，哭不偯，礼无容，言不文，服美不安，闻乐不乐，食旨不甘，此哀戚之情也。三日而食，教民无以死伤生。毁不灭性，此圣人之政也。丧不过三年，示民有终也。为之棺椁衣衾而举之，陈其簠簋而哀戚之；擗踊哭泣，哀以送之；卜其宅兆，而安措之；为之宗庙，以鬼享之；春秋祭祀，以时思之。生事爱敬，死事哀戚，生民之本尽矣，死生之义备矣，孝子之事亲终矣。"】

这章是最后一章，讲父母过世以后，一个孝子应该如何来尽最后的孝道，所以称为"丧亲章"。我们知道，人总会有死亡的一天，这是没有办法忌讳的，避而不谈是不可能的，肯定是有。虽然父母过世，然而自己的孝心不会因为父母不在就泯灭了，孝心犹存。因为孝心是一种性德，自性不生不灭，所以孝德也是不生不灭。不能够因为父母不在，就把孝德给减少，甚至放弃，这不对，不能称为孝。

夫子在这里讲到："孝子之丧亲也"，当孝子的父母离开了以后，会出现什么情况？"哭不偯，礼无容"。我们一条一条地讲。"哭不偯"，就是哭泣，因为孝子哀痛，想到人的生命这么短暂，父母这么快的离我而去，我自己想要行孝，已经不可能了，父母的恩德无以为报，想得是非常的哀痛，所以悲从中来。“哭不偯”，这个“偯”是什么？哭的这个声音，哭到最后变得很曲折委婉，哭到最后已经气结声哑，是这样的一种情形，这叫“哭不偯”。

“礼无容”，行礼的时候，表情已经没有了。因为父母去世，肯定会有亲戚朋友来吊丧，那么就要接待，可是因为孝子很哀痛，见到亲戚朋友的时候，当然还是要行礼，礼不可废，可是行礼的时候已经没有表情，因为太哀痛了。唐玄宗批注这里讲“触地无容”。这是当领导、长官来看望他，那么他要行跪拜礼，头点到地上，可是因为悲痛的情绪，表情都没有。

下面讲“言不文”，这是指讲话没有文采，为什么？思亲心切，所以讲话都没有注意去用文辞来修饰，非常的朴实，当然讲话肯定讲得很少，没有心情多说话，更没有心情说那些漂亮好听的话。

“服美不安”，这是指穿着、打扮，穿好的服饰，心不安。所以人在哀痛的时候，确实对于这些享受都没有任何的兴趣，而且心有不安。父母的去世是最悲痛的事情，怎么能够快乐？古人穿的是孝服，所谓的衰麻衣服，衰就是用粗麻编织的那种丧服，我们讲的披麻带孝。这古人是穿孝服，现在社会里面我们看到的穿孝服的少。穿这个孝服确实是能够启发人怀念父母的这样的一种心情。所以古人制这些礼，都是有他的用处的。

“闻乐不乐”，听到美好的音乐都不觉得快乐。为什么？因为悲哀在心里，外面的这些境界再美好，也不觉得快乐，当然更不会去享受，不会去卡拉OK，跳舞那些更不可能，于心不忍。这是厚道的存心。

“食旨不甘”，“旨”是美味，这些肉食，这些酒菜，一般都是美味佳肴，可是吃这些都不觉得美味。所以这些孝子只想吃什么？蔬食菜羹，吃不下那些美味。我们可能都有这个经验，人在哀痛的时候连饭都吃不下，你给他美味，他真的一点都不想吃。所以父母过世之后，最好用素食。我的素食是从1994年开始的，当时我母亲带着我，为了悼念我的外婆，她那年去世，84岁走的。我们就发心吃素，这里讲的“食旨不甘”，《弟子规》上讲的“居处变，酒肉绝”，所以就发心吃素。结果吃素一开始只是发心我们吃49天，其实发的心不够大！应该是发至少3年。发心吃49天素，结果吃完以后，没想到就再也不想吃肉了，一直吃到现在，已经15年了。然后发现吃素是真健康！自从吃素以后，身体没病过，我如此，我妈妈也如此。所以她退休之后，偶尔回去自己原单位的时候，见见那些领导。领导很赞叹她，他说：“你很难得，我们公司这么多人退休，就你一个人没有花我们公司的任何医药费。”我妈妈就告诉他，“我们是吃素的”。吃素就是健康。你看，这些古礼我们能够遵守，实际上对自己有好处。

这六桩事情“哭不偯，礼无容，言不文，服美不安，闻乐不乐，食旨不甘”，都是“哀戚之情也”，因为哀伤自然表露的这种情性，这是很自然的。这种不是圣人要规定我们去做的，要规定做就没意思。譬如说“哭不偯”，规定你一定要哭得声音曲折委婉，这像什么话！你不想哭，叫你也哭不出来。所以这些都不是装的，是真正一个孝子思亲、哀痛的那种情性自然的流露，有孝心他自然就会这么做了。

下面讲“三日而食，教民无以死伤生。毁不灭性，此圣人之政也”。真正孝心深重的人，父母走了，他就吃不下饭，天天掉眼泪。但是圣人制这个礼，他有个节度。你吃不下饭，不能过三天，如果三天之后还不吃，就会伤身体！你看所以圣人都很慈悲，虽然顺着我们的情性，但是他要我们有个节制，这是“三日而食”，你最多不能过三天，就得吃饭。当然一开始，你饿了三天，不能够吃很硬的东西，吃点柔软的粥什么的，容易消化，否则会坏肠胃。这是“教民无以死伤生”，这是教导人民不要因为死者而伤害了生者。父母过世了，已经过世了，这一去不复返了，我们虽然是哀痛，但是不要过，过了也就不好。过犹不及，太过还是不孝。

为什么？“身体发肤，受之父母，不敢毁伤”，这也不能忘记！而且父母对我们有遗愿，有希望，我们不可以糟蹋自己的身体，忘记了去实现父母的遗愿。所以我们要抓住大局，不能够因为死的人而伤害生者。你看圣人都很慈悲。

底下讲“毁不灭性”，一般的解释，这“毁不灭性”就是已经死的人叫“毁”，不灭性，“性”还是当生字讲。所以这句话得重复上面的意思，“勿以死伤生”，不要因为死了的人而伤害了活着的人，这一般这样的解释。但是如果这样仔细去考虑，好像这个意思有重复，《孝经》只有1799个字，每一个字都是极其重要的。孔老夫子说这个话，怎么可能是重复的？讲同一句话？那这个意思肯定有不同。所以“勿以死伤生”跟“毁不灭性”它的意思应该不一样，“毁不灭性”比“勿以死伤生”的意思要更深一层。那这个“性”到底是什么性？儒家讲的“人之初，性本善”，夫子所讲的“性相近，习相远”。这个性，是不变的那个本性。佛家讲的“自性，佛性，法性”，这个性不生不灭。所以“毁不灭性”的意思就深了。人死了以后，性是不灭的，这个能毁的是什么？是这个身体。肉身可以毁掉，死了，火化了，烧成一把灰了，什么都没有了，这毁了！可是“毁不灭性”！这个“性”是我们的自性，不因为肉身的毁灭而泯灭。为什么？因为自性是不生不灭的。所以圣人教我们，死的学问很深。孔老夫子说：“未知生，焉知死”。这是他对子路讲的。因为子路问死，夫子就告诉他，“你把生的学问先学好，死的学问以后再说吧，现在还不能告诉你”。为什么？太深了。所以这些儒家讲得就很少，可是这里是给我们透出了讯息。

佛法里讲得就非常的详尽了。六祖慧能大师证道以后，他形容这个自性讲了五条：“何期自性，本自清净。何期自性，本不生灭。何期自性，本不动摇。何期自性，本自具足。何期自性，能生万法。”讲了这五个方面，来形容我们的性是清净的。清净是什么？本来无一物，我们六根接触不到，眼耳鼻舌身意，没办法接触到。但是它又是宇宙的本体，万物从这里生出来。它不生不灭，它没有生当然也没有灭。它不来也不去，也不动摇。什么会动摇？念头会动摇，能动的是念头，可是不动的是心性。而且人人本来就有，每个人都不缺，它能生万法，宇宙是它生出来的。所以圣人教我们，人死了以后，灵性不灭，不是人死如灯灭，还有灵性在。

这个灵性的功用，就是见闻觉知，它有见闻觉知的作用。能见能闻能觉能知，万物都有这个性。那么在有情生命上讲，这叫佛性，像我们人，称为佛性。在无情的众生里面讲，称为法性。无情的众生，像植物、矿物，它也有见闻觉知的作用吗？有！据江本胜博士检测，水能听，能看，能听音乐，有不同的结晶出现。你用不同的字贴到它的试管上，它有不同的反应，能见能闻。你用不同的心态对它，它有不同的结晶形状，能觉能知！你看，连矿物都能够有见闻觉知，那动物，有情的生命当然也有见闻觉知。这个见闻觉知，本自具足，所有众生都有，这就是心性的作用。因为万物都是心性产生的，所以万物皆有心性的作用，就是见闻觉知。

那我们去体会这个自性。自性在哪里？实际上，《楞严经》里面讲，自性“六根门头，放光动地”。你六根里面都有这个自性，眼睛里头有，耳朵也有，各器官里面都有这种见闻觉知的功能。我们举个例子来讲，我们体会一下自己的自性在哪里，这个自性如何叫不生不灭。六根里面我们选一根来做证明。我们选耳根，因为文殊菩萨告诉我们，我们阎浮提众生，就是地球上的众生，耳根最利，最聪明的是耳根。这道理很容易就听明白了，看未必看明白，鼻子嗅，舌头尝，都未必明白，耳根一听就明白了。所以你看圣人都讲经、说法，用音声来讲课。为什么？耳朵容易听明白。因为，耳朵里面有闻性，这个闻性也是自性一分，它也有见闻觉知，它也不生不灭。那见闻觉知，我们明白，耳朵为什么能听声音？因为它有能闻的闻性，有能闻的作用，所以才能听到声音。

可是这个性何以见得是不生不灭？这里说毁不灭性，那我死了，耳朵也都烧掉了，变成骨灰了，那我闻性在哪了？其实你看看，我们现在耳朵听声音，你听我讲课。我现在说话，大家听得清楚吧？听得清楚，闻性的作用，这个好理解。那我不说话的时候？现在不说话了，大家的闻性在不在？大家能闻的、能听的这个功能是不是因为我不说话了，就没有了？不是！它还在。只是因为我们不说话，你那个闻性的作用没有显出来。你听不到声音，可是它还在！不是说我说话的那一刹那，你的闻性突然就产生了，我不说话，你的闻性就灭了。不是！你能听的这个功用，不因为我能说还是不能说，是不是说话的时候而生灭，不会！所以我说话的时候，你听到了，那个闻性没有生。我不说话了，安静的时候，你虽然听不到声音，可是你的闻性也没有灭。所以不生也不灭。大家能明白吗？你看，就这么简单的道理，我们往往就忽略掉。

讲经说法，真的是像夫子讲的“能近取譬”，就地取材，就用你自己平常所用的六根，告诉你“毁不灭性”的道理，性是不生不灭的。我们凡夫是迷了自性，所以眼耳鼻舌身意这六根，没办法用这个根性。根性它是没有妄想分别执着，听的时候听得清清楚楚、明明白白，但是它没有妄念，没有妄想分别执着。可是，一听马上起妄想分别执着，这个性就变成识了，识就变现出我们现在的宇宙、万物，所以这个宇宙是唯识所变的。性是能生，生出这个万物，可是我们见不到万物的本来面目。为什么？给我们的识变了，变成我们现在所感知的世界。其实我们真正感知不到它本来的面目。本来的面目，佛称为一真法界。我们把这一真法界，用妄想分别执着给变掉了，变成什么？眼前我们见到的六道轮回，我们自己成为生死凡夫。佛、圣人，千言万语，无非就是让我们回归到自己的自性上来，把自性彰显出来，回归到自己本来的面目。认识自己本来面目，也认识宇宙的本来面目。这个就叫做成佛了。儒家讲，做大圣人了。所以你看，儒家讲“克念作圣”，“克”是什么？放下，放下自己的念，这个念就是妄想分别执着。这些念头放下，你就做圣人了，自性圆满现前。

那如何恢复我们的自性？这可是个大学问。那圣人，《孝经》只是透露一点信息，“毁不灭性”。也就是说，性是不灭的，可是如何恢复，这里没有讲。佛讲的就圆满了。所以儒释道三家要结合在一起来学，相辅相成。清朝雍正皇帝写了一篇上谕，说到儒释道三家，“理同出于一原，道并行而不悖”。它们的理同出一个源头。什么源头？自性！道就是它的方法，但可以并行而互相不会违背，不会对立，不会矛盾。所以儒释道三家，教学方法虽然有不同，但可以并行，而且应该兼学，这才能够圆满的得到教学的效果。佛法告诉我们，要彰显自性，就是放下我们的妄想分别执着。可是这个很难！妄想太高了。放下分别，放下善恶、美丑、是非，等等的这些分别，也很难！你说毛巾，你说毛巾的时候，就已经是分别了。执着，执着是什么？更严重，就是对于万事万物，他是深度的迷惑，错以为这个世界真实存在，以为我是真有，以为这个肉身，身体就是自己。这都是错误的观念，都叫执着。所以这里告诉我们，毁不灭性。你看，毁的是肉身，肉身不是我，我不因为肉身毁掉了，就没了。为什么？我是性，性不灭！那这些是我们凡夫都有的错误知见，这都是执着，不经意地就会发生作用。

那怎么放下？佛讲的八万四千法门，门门都是教导我们放下妄想分别执着。只要放下了，你达到同一个境界，殊途同归，哪怕是儒家、道家讲的终极也是向着这个目标。所以孔老夫子说“志于道”。这个道是什么？就是彰显我们的自性，道就是自性，我们志在恢复我们自性。那么这么多的法门里面，其实最容易最简单的法门（方法和门径），佛告诉我们，就是净土法门。就是劝导我们念阿弥陀佛，求生西方极乐世界。能够念阿弥陀佛往生净土，就必定能够恢复我们的自性，那你的自性就能圆满现前了。为什么？因为那个境界，它的修学环境非常殊胜，很容易就能恢复我们的自性。在这里面修学很难，所以让我们换一个环境，移民到极乐世界去。

那如何去移民？佛告诉我们，念阿弥陀佛，叫一心称念阿弥陀佛。这一心里面具足了信愿行。真信极乐世界，真信阿弥陀佛接引往生，自己真愿意去。念阿弥陀佛是行为，那这个道理又是很深的。为什么？因为极乐世界还是我们自性所变现的。那我们的这个娑婆世界会不会毁灭？会毁灭，可是毁灭也不灭性，自性不灭。但是自性里面我们现在常生这个妄想分别执着，怎么办？把妄想分别执着放下，换成阿弥陀佛。阿弥陀佛是不是妄想分别执着。是，它也是。可是它是只有一个妄想分别执着，取代所有一切妄想分别执着，那么这个心才算是清净。这一个念头它也能够变现境界，变什么？极乐世界。在极乐世界，到了极乐世界以后，把这念头也放下，那真正就让自性圆满现前了。所有念头放下，不动的时候，这个佛法里称常寂光土。那就是讲所有的宇宙万物，那个相都泯灭了，你真正跟本体合而为一了，那个时候才真正恢复圆满的自性。所以圣人教我们，毁不灭性，这里面道理极深，通过学佛我们才能够得到了解。那么这个是“圣人之政也”。“政”，就是教育。圣人制礼施教，无非就是让我们恢复自性而已！

接下来看：“丧不过三年，示民有终也”。这里讲到办丧事，刚才所说的，痛哭、怀念父母，披麻带孝，“闻乐不乐，食旨不甘”。《弟子规》讲的“丧三年，常悲咽。居处变，酒肉绝”，要三年时间。那实际上这个三年，这里讲“不过三年”，不超过三年。那么根据古典的记载，这个三年实际上是二十五个月，二十四个月是两年，再加多一个月，所以不过三年。这是什么？“示民有终也”。教导大众还是要有始有终，令那些纯孝的孝子也不至于伤心过度。因为这个长此以往会伤害身体，也不利于他的事业，还是应该去为民服务。不要超过三年的行丧，所以丧礼不过三年。那么也规定这个年头，也是启发那些孝心不够的人，给这个标准，你也要有达到二十五个月的程度，你才算是尽孝。所以这么制礼，制这个礼节确实可以对于贤与不孝都照顾到。

为什么说要三年？主要是因为，我们报父母恩。我们由父母所生，父母把我们生下来以后，我们三年不离父母之怀！离不开父母的怀抱。父母抱持养育我们，我们吃奶、拉屎拉尿都在父母怀里。直到三岁才离开自己父母的怀抱。这一重养育之恩我们应该报答。所以行丧用三年的时间，是有这个报恩的意思。

那么有的人觉得好像三年是不是太久了，特别是现代社会，这个信息时代，步伐特别快。三年时间，那做多少事情，光阴都浪费掉了。这个方法，这个想法的提出，实际上那时孔老夫子听了以后，他就摇头，为什么？因为当时孔老夫子就有一个弟子，叫宰我，也叫宰予，他也提出这样一个观念。他怎么提？这是《论语》里面的一段话："宰我问'三年之丧，期已久矣。君子三年不为礼，礼必坏；三年不为乐，乐必崩。旧谷既没，新谷既升，钻燧改火，期可已矣。'"这是宰我说的，也不简单！跟孔老夫子学了，道理讲出一套套。他问老师，为什么要用三年来行孝、行丧？这未免太久了吧！你看君子，这是他口口声声讲君子。君子如果三年不行礼、不习礼，礼都坏了。因为前面《孝经》上讲这个"礼无容"！三年都不好好行这个礼，那礼都会坏掉了。"三年不为乐，乐必崩"，前面讲"闻乐不乐"，也不想弹奏音乐了，那乐就崩溃了。礼崩乐坏，那就是乱世了。

你看这宰我，提了这个还满有道理。为什么要三年这么久。"旧谷既没，新谷既升"。这是讲什么？去年的谷子已经吃完了，这是既没。新年的，今年的新谷已经成熟了。所以用新谷代替旧谷，这个古礼要改掉。这里的意思他是说，能不能用一年，因为谷子成熟是一年一度，三年改成一年就好！然后底下讲"钻燧改火，期可已矣"，这是钻木取火。因为古人用火、取火的方法都不一样。这里是讲改成钻木取火，意思是说，要改了。他的意思很明显，说这一套礼制应该改掉，不要三年守丧，改成一年不就很好！结果夫子怎么回答他，夫子说："食夫稻，衣夫锦，于女安乎？"就是说你父母要是去世，你吃的是美食，古代稻米就算是很不平常了，家境比较好的才能吃稻米，一般都吃粗粮。"衣夫锦"，就是你穿很美好的服饰。前面讲"服美不安，食旨不甘"。那你吃好的，穿好的，"于女安乎？"你心安吗？就问他。结果宰我说："安。"我心安。

孔老夫子就看到这个实在是没办法，就说："女安，则为之。"你要心安你就去做吧，你做你那套。"夫君子之居丧，食旨不甘，闻乐不乐，居处不安，故不为也。今女安，则为之！"所以夫子是门风很高峻，对这样的学生，狡辩、强词夺理的，马上把他拒之门外。真正的君子在行丧期间，吃到好的美食都不觉得甘美，听到好的音乐都不觉得快乐。居处，这个生活起居，有点享受心中都不安，所以他会行丧三年。如果你要是觉得安，你就去做吧。结果"宰我出"，宰我出去以后，子曰："予之不仁也！""予"就是宰我，它这个"予"和"我"互通，他的名字。就说，"宰我太不仁了"。为什么？"孝悌也者其为人之本"。没有孝悌之心当然就不仁了！夫子讲："子生三年，然后免于父母之怀。夫三年之丧，天下之通丧也。"儿女生出来三年之内，都不能离开父母的怀抱，三岁之后才能脱离父母的怀抱！这是讲父母养育之恩多么深重。

所以古代制礼三年，这是周礼！行丧三年，天下之通丧也，天下都是这么做的，从古到今都是这么做的。那竟然宰我要去改变，那"予也，有三年之爱于其父母乎？"说宰我这个人，他能够爱自己父母爱三年吗？你看看，这个圣人的标准多么高。他是什么呢，批评自己这个弟子不仁不孝，这个报恩的心太薄弱了。三年服丧，这是最起码对父母的尽孝。古人都是这么做的。为什么今人想要改变？为什么？没有孝心。

所以这是讲到三年之丧，夫子是赞成的。那我们希望我们从自己做起，假如父母不在了，我们自己也行丧三年。当然这个行丧，根据现在社会的情形我们进行自我的调整。古代是守灵，现在没有陵墓了，我们自己在家里，能够认真的去反思父母的恩德。常常想到父母，常常想到报恩，努力地做人，把孝悌忠信礼义廉耻行出来，以此来报答父母。所谓"立身行道，扬名于后世，以显父母"。这三年更是一个契机，一个机会，让我们更加进德修业。那么父母跟老师是平等的。我们的古礼对父母是行丧三年，对老师，老师过世，行心丧也是三年。所以老师跟父母是平等的。所谓心丧，就是心里面哀痛哀悼，没有真正去做那个披麻戴孝，或者是守墓。但是也有守墓的，子贡守夫子之墓，守了六年，一般弟子只守三年，子贡守了六年，可见得这种师生之谊！

底下讲："为之棺、椁、衣、衾而举之"。这个"棺"，就是棺材，"椁"也是棺材。古代棺材有两层，里面的叫棺，外面的叫椁。这是下葬，为他入殓，那现在说遗体告别仪式，举行遗体告别。"衣、衾"这个"衣"是入殓的时候给父母穿的衣服，寿衣。"衾"就是给父母身体上盖的被子。那么用这些礼仪来行丧，来祭父母。"举之"，这个"举"是举起棺木，入殓的时候把棺木抬起来，孝子要抬棺木去下葬，那现在我们引申为就是要慎重，就是尽到自己的诚敬之心，哀婉之心。

"陈其簠簋而哀戚之"。这个"簠簋"就是祭器，祭祀父母摆出来的这些盆子、碗、碟，这是装祭品用的。通常古时候是用竹子编的，所以"簠簋"都是竹字头。"而哀戚之"，在父母灵前拜祭、哀悼。"擗踊哭泣。哀以送之"，就是对父母要去安葬，扶着父母的灵柩，"擗踊哭泣"，这个"擗"，就是捶胸，"踊"就是跳，捶胸顿足，比喻哭得非常厉害，痛哭！

"卜其宅兆"，过去因为都是土葬，所以要找一块很好的安葬之地，找个墓穴，过去都要占卜，看看风水，希望让自己父母死后都能够有个安居之处。虽然我们说风水是有，但是最重要的，是我们以这颗孝心，以这种哀思去帮父母寻找一块好的地方。譬如说山清水秀的，阳光很好、空气很好的地方。现在不用土葬，火化以后，我们把这骨灰安放在一个很好的地方，年年都去拜祭，这是一种慎重，对父母尽孝。

"为之宗庙，以鬼享之"，这是表示对父母日后的祭祀。一般祭祀在宗庙里面，过去国君有自己的宗庙。在普通人有家庙，有祠堂。如果没有祠堂，至少要在自己家瑞安放一个父母、祖先的灵位、牌位。或者是现在学佛的人，很多是在寺庙里做一个永久的牌位，甚至把骨灰也安放在寺院里面，每次做法会去超度、去回向。这些都是很好的做法。那么"以鬼享之"，这个"鬼"，再次跟我们说到，不是说父母死了以后，就什么都没有了，他还有灵魂存在，灵魂享用我们的诚心的祭祀。那我们能够多做善事，多以孝心去回馈父母，父母真能得到。七分功德，父母得一分，这是《地藏经》里讲的。他为什么得这个功德？这是因为你有孝心，你去做善事、做功德，因为是为了父母，所以父母的这个原因才启发你那个孝心，让你有功德，他就占了一分功德。所以这个没有迷信。如果你没有父母在的话，你可能不去做这个功德了，正因为有父母在，你就做这个功德，所以父母也得功德，他就享受了。

“春秋祭祀，以时思之”，春夏秋冬都应该祭祀。祭祀的日子有清明节，有冬至节，年中有中元节，这些都应该做祭祀，这是常常思念自己的父母。“生事爱敬，死事哀戚”，父母在生的时候要尽到爱敬，父母死了以后要尽到哀戚，哀悼父母。那关键是我们这颗孝心，不是说父母死了以后，我祭祀父母讲很大的排场。曾经看到人民日报有一则新闻，有兄弟五人，平时对他们的母亲从来不闻不问不管，老太太就在贫困当中服毒自杀了。为什么？对儿子都已经完全失去希望了，在痛苦中，痛不欲生，就自杀了。结果这五个儿子听到母亲自杀以后，每个人拿出五千块钱，给她办这个丰丰厚厚的丧事，敲锣打鼓搞排场，好像生怕别人不知道他孝顺。这个叫什么？“活着不孝，死了乱叫”。这个不是孝，这是虚伪！所以“生事爱敬”，父母在生的时候要尽到爱和敬，死的时候，你的哀戚才是真的，不是装模作样的，欺世盗名的。

所以“生民之本尽矣”，人能够知恩报本，这个孝道算是尽到了。“死生之义备矣”，这个死生的义务就完备了。这里讲“死生”，不讲“生死”。前面讲“生事爱敬，死事哀戚”，这里偏讲死生，倒过来讲，说明死了以后还有生，不是死了以后就没了，所以这里头的含义很深刻。孔老夫子不给我们讲这么清楚，就怕我们“未知生，焉知死”，实际上告诉我们，死后人有轮回。真正尽孝的人立身行道，希望成就自己，恢复本性，恢复佛性，来度脱自己父母。真正让自己的父母跳出六道轮回，这才是行大孝，这个义才叫完备。那么真正让父母离开六道轮回，往生西方净土，不退成佛，这样的孝子之事亲，才叫做圆满。“孝子之事亲终矣”，“终”

是圆满。所以古德讲，“父母离尘垢，子道方成就”。父母如果还在六道轮回里面受苦、受难，为人子之道还不能圆满。所以这里告诉我们，不仅我们现世对父母要尽孝，要做到事亲事君，更要做到立身、进德、修业，成圣成贤，甚至解脱生死，作佛作菩萨，你的孝行才能够说是圆满了。

那么整部《孝经》我们也就到此讲圆满了，《孝经》终了，但是不要终了以后，就到此为止了，更重要的是从现在才是开始。“孝无终始”。《孝经》讲完了，不是终了，更重要的是开始。开始做什么？回家行孝，事亲以至事君，以至立身，扬名后世，真正把孝道做到圆满。那我们这次来古晋，听这部《孝经》也就算是没白听了，我也算没白讲了，希望大家共同努力去行孝、成圣成贤。要立志、要发愿，真的这个“尧舜之道，孝悌而已矣”，而“人皆可以为尧舜”，每个人都能够做得到。

中華文化大講堂书系图书简介

中华文化大讲堂书系 01

张居正讲解《论语》

唯一留存至今的《论语》皇家读本

康熙大帝最爱读的《论语》读本

《论语》是记至圣先师孔老夫子言语之书。欲读圣贤书、求真实理者，当自读《论语》始。内阁首辅、两朝帝师张居正讲解的《论语》皇家读本，更值得今日国人品读。

适用对象：经典诵读班、企业、家庭学习、中华文化学习班。

作者：张居正　　定价：32.00

中华文化大讲堂书系 02

张居正讲解《大学·中庸》

唯一留存至今的《大学·中庸》皇家读本

康熙大帝最爱读的《大学·中庸》读本

两朝帝师、内阁首辅张居正讲给万历黄帝一人的《大学·中庸》读本。《大学·中庸》儒家的基本经典，欲读圣贤书、求真实理者，不可不读。内阁首辅、两朝帝师张居正讲解的《大学·中庸》皇家读本，更值得今日国人品读。

作者：张居正　　定价：24.00

中华文化大讲堂书系 03

张居正讲解《孟子》

唯一留存至今的《孟子》皇家读本

康熙大帝最爱读的《孟子》读本

两朝帝师、内阁首辅张居正讲给万历黄帝一人的《孟子》读本。《孟子》，儒家的基本经典，欲读圣贤书、求真实理者，不可不读。内阁首辅、两朝帝师张居正讲解的《孟子》皇家读本，更值得今日国人品读。

作者：张居正　　定价：42.00

中华文化大讲堂书系 04

王凤仪讲人生

一本每个关心自身命运的人应该好好品读的书

一本启发人们善心信心让人幸福一生的书

这是一本每一个关心自身命运的人应该好好品读的书，一位未曾读书的农民，因为笃行忠、孝，大彻大悟，讲病化世，普度群伦，成为近代著名的道德教育家。他告诉世人，人生的富贵贫贱，否泰苦乐，都掌握在自己手中。欲窥全貌，敬请阅读本书。

作者：王凤仪　　定价：32.00

大道至简　道不远人

一个明心见性的高人讲述的人生幸福大道

善人王公凤仪，以清季诞生於塞外穷僻之乡，幼年失学，长尤不文。但闻道而能身体力行，得善而能拳拳服膺。因孝见性，自诚而明。本书收入王凤仪老善人《诚明录》、《伦理讲演录》、《家庭六步教育》、《化性谈》四部著作，是我们学习王凤仪老善人思想不可多得的又一本好书。

作者：王凤仪　　　　定价：29.80

中华文化大讲堂书系 05

王凤仪诚明录

一部道破红尘、看破世事的“人间奇书”

国学大师南怀瑾 热情推荐

本书是雍正帝将自己做皇帝前在藩邸读书时抄录的各种人物(官吏、隐士、释道、名士、庶人)所写的短文、诗赋、格言或社会上流传的趣事、谐语、歌诀等汇编而成的一本书。粗略统计一下，约收入130多位有名姓者(或与之有关)的作品245篇(首、段)，另有40多篇作者不详。作者时代为东汉末年至明代。

作者：雍正　　　　定价：29.80

中华文化大讲堂书系 06

悦心集

本书为您指出一条修身、齐家的人生大道

是促进现代家庭和谐的良方

《家和万事兴》一书是我国著名民间教育家、道德伦理教育、女子教育的先行者王凤仪先生曾孙女王元五老师的演讲记录。

《家和万事兴》一书根据王元五老师的演讲整理而成，书中为我们每一个人指出了一条修身、齐家的人生大道，是促进现代家庭和谐、适合每一个家庭阅读的一本家庭必备指南。

作者：王元五　　　　定价：29.80

中华文化大讲堂书系 07

家和万事兴

古代帝王和谐世界的法宝

百善之首，立国之基

《孝经》篇幅简短，计一千七百九十九字。然字字珠玑，旨趣深远，义理宏深，而圣德无出其右，明王以其治则天下和平。如当代一位大德所言，以孝治身、治家、治国、平天下，则“宇清、国安、家和、人乐”，孝道是和谐社会、和谐世界的法宝。

作者：钟茂森　　　　定价：29.80

中华文化大讲堂书系 08

《孝经》研习报告

学习伦理道德和因果教育的绝佳基础教材

三百年来脍炙人口，家喻户晓

《朱子治家格言》是讲求道德修养、行为规范的准则，是劝人勤俭治家、安分守己的一篇家训，故也称《朱子家训》。

《朱子治家格言》集儒家做人处世方法之大成，因其思想植根深厚，极富智慧涵养，所以三百年来脍炙人口，家喻户晓。如今，它不仅是修身良箴，更成为伦理道德和因果教育的绝佳基础教材。

作者：钟茂森　　　　定价：25.00

中华文化大讲堂书系 09

《朱子治家格言》研习报告

落实儒释道三家根本教育

学习儒家文化的第一本入门书

《弟子规》是一部讲人如何落实德行的教材。人希望能够在这一生成就优良的品德；成就幸福的人生；成就成功的事业，那么学习《弟子规》便是最好的入门根基。《弟子规》要句句做到，我们道德的根就扎稳了，我们这一生的学业、事业、家业、道业，就都有了把握。

作者：钟茂森　　　　定价：18.00

中华文化大讲堂书系 10

《弟子规》研习报告

落实儒释道三家根本教育

道家讲述因果的第一书

中华传统文化中的儒释道三家都非常重视因果。道家的这篇《太上感应篇》，通篇都是讲因果报应的。《太上感应篇》篇幅不长，可是历代古圣先贤的注疏讲义非常丰富，不但包括了儒家的精要，而且将道家佛家的精华都收揽在其中。

作者：钟茂森　　　　定价：18.00

中华文化大讲堂书系 11

《太上感应篇》研习报告

落实儒释道三家根本教育

佛门中最根本的一部经典

《十善业道经》是佛门中最根本的一部经典。十善的内容中，属于身体行为的有三种：不杀生、不偷盗、不邪淫；语言行为的有四种：不妄语、不两舌、不恶口、不绮语；思想行为的有三种：不贪欲、不嗔恚、不邪见。这十种行为属于善行，所以叫十善业。

作者：钟茂森　　　　定价：18.00

中华文化大讲堂书系 12

《十善业道经》研习报告

以孝道为原点，修持道德仁义

找寻几千年中华文明涵养下的中国精神

中华文化大讲堂书系13

找寻中国精神

本书告诉我们，孝悌忠信，礼义廉耻，仁爱和平，父慈子孝，兄友弟恭，夫义妇德，君臣有义，朋友有信，真诚恭敬，淡泊节俭，谦虚守礼，责任智慧……凡是有益于他人的无私的品德，无一不是传统意义的中国精神，而中国精神的核心是孝悌之道。

作者：钟茂森　　　　定价：25.00

完整记录王凤仪老善人传奇的一生

详细解读王凤仪老善人独特的哲学

中华文化大讲堂书系14

王凤仪言行录

王凤仪先生以白话演述人伦，印证经传。用启庸愚，兼化才智。曾藉心理悟省，自愈宿疾，即以斯法使人疗病。兼更导之履善务本，各正性命。遂乃益展宏志，欲弥宇宙之穷。爰倡义务女学以济世风，阐明六教藉振人本。德声震铄，士庶相率而依止，家庭社会望风而从善，周流所及，华夏半蒙其赐，是可谓由旷黎以臻圣域，现凡夫身作大觉事。巍乎大哉！其行其迹，可谓前无古人矣。

本书由王凤仪老善人弟子记录，全面体现老善人的思想，是学习王凤仪老善人伦理思想的最佳读本。

作者：王凤仪　　　　定价：29.80

把最高深的“道”用最简单的语言表达出来

学习王凤仪思想的必读书

中华文化大讲堂书系15

王凤仪嘉言录

王善人穷苦出身，自幼家贫失学，不识文字。但能通过人生遭遇，由忠孝二门进入，反悟命运，最后彻悟本性而得道，把玄而又玄的“道”应用在日常生活中。他的事迹，类似于六祖慧能大师，值得我们后人借鉴学习。

《王凤仪嘉言录》浓缩了古贤圣人的精华，又非常贴切生活，把最高深的“道”在生活中运用的维妙维肖，活灵活现。不论是作为修身养性，学道修炼，还是作为传家宝，齐家、治国，都值得研究、收藏！

本书收入王凤仪《嘉言录》、《十二字薪传》、《修齐语录》、《讲演言行笔录》等内容。

作者：王凤仪　　　　定价：29.80

讲病、劝善、度人、化世

农民教育家王凤仪的传奇人生

中华文化大讲堂书系16

王凤仪笃行录

王凤仪善人，生于清同治三年热河省朝阳县。自小给人放牛，长大为佣工，自幼就很有孝心，作工忠实，三十五岁时，见义勇为，为救友人杨柏，誓死前往，行于中途“黑夜见白日”而明道。自此讲病、劝善、度人、化世，垂四十年。读完这本书，您将获得无上真理。

本书收入《笃行录》、《道德讲义》、《王凤仪人生画传》等内容。

作者：王凤仪　　　　定价：29.80

一份记录三十年家庭教育的心得报告

赵良玉女士　钟茂森教授　母子对谈录

中华文化大讲堂书系17

母慈子孝

基于一份社会的责任，一位慈母的大爱，赵良玉女士为我们讲述三十年教子之心得，把钟茂森博士在传统文化家庭教育下的成长历程真诚奉献给大家。

本书的主要内容，是赵良玉女士以及钟茂森博士给长辈们的献词书稿，以及母子之间几十年来的卡片信函，几乎记录钟博士走过的每一个人生重要阶段。

作者：赵良玉　钟茂森　讲述　　　　定价：19.80

一个中国农民讲述的最朴素的“人生大道”

一本在中国民间广为流传的“人间奇书”

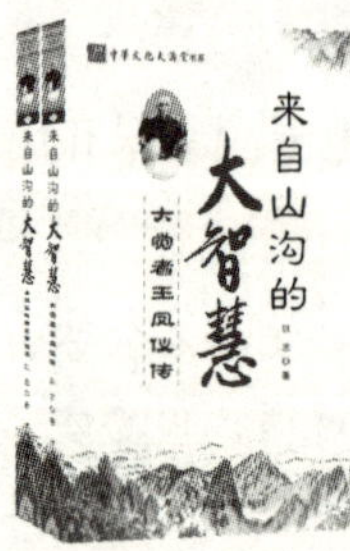

中华文化大讲堂书系18

来自山沟的大智慧

历史上古今中外，凡立说创业有伟大成就者，多为学识渊博才华出众的大学问家，从未有如我东北偏僻山沟里出生的一位目不识丁的农夫王凤仪先生者。他幼年家贫，不曾读书，少时为人牧牛，长则为人佣工，贫病饥苦，潦倒坎坷，备尝人间的无数艰辛。然而他即知即行，竟以超人的毅力、博大的胸怀和坚苦卓绝的实践精神，终于为人们踏出了一条通向光明的人生之路，创造人类史上罕见之奇迹。本书分两个部分，第一部是《大觉者王凤仪传》，第二部是《王凤仪性命哲学概要》。全书包括凤仪先生的生平事迹与全部学说。展现了先生闻道即行的精神与救世化人之宏愿，终成为由诚而明的大智慧之觉者。

作者：以志　　　　定价：58.00(全二册)

立命、修身、治世的教育经典

重建幸福、美满、和谐人生

这篇家训作为立命、修身、治世的教育经典，是了凡先生一生道德学问的涵养和凝聚，他以自己的亲身经历，现身说法，讲述了如何改造命运，心想事成。

《了凡四训》中立身、处世、为学、修德、立业的经验总结，越来越被后人誉为家教典范。随着传统文化的复兴，目前不仅被家庭接受，更被国内外许多企业乃至社会多个层面列为典范教材，了凡先生一生不是显官，没有做到高位，而日享盛名，可见其影响之深远。

作者：钟茂森　　　　定价：25.00 元

中华文化大讲堂书系 19

《了凡四训》研习报告

企业和单位落实《弟子规》的学习教材

适合企业和单位人手一册的传统文化读本

本书从企业和单位的角度解读《弟子规》一书，告诉读者如何将《弟子规》落实在实际工作当中。《弟子规》虽然只有短短的 1080 个字，却包含了我们所有做人、做事的规范。

“君子之事亲孝，故忠可移于君”。企业的伦理建立在家庭伦理的基础上。一个人在家孝敬父母，他到了企业里面，他会对他的老板尽忠。

本书适合单位和企业作为员工传统文化培训教材。

作者：中华文化大讲堂　　　　定价：25.00 元

中华文化大讲堂书系 20

落实《弟子规》

从企业管理的角度解读《弟子规》

让企业永续发展的最佳管理宝典

企业管理贵在形成一种员工自我管理的模式，而管理的实质是人“心”的管理。当今浮躁的社会，唯有先圣先贤流传给我们的传统文化精髓才能“束”住人的心，而集先贤的思想于一体的《弟子规》就是具有这种“魔力”的经典。它是企业最好的管理宝典。中国企业人要想赢得未来的胜利，莫如遵从孔孟之道，落实孔孟之道，莫如遵从《弟子规》。

本书适合各个层次的管理者和企业家阅读。

作者：中华文化大讲堂　　　　定价：25.00 元

中华文化大讲堂书系 21

企业都学《弟子规》

中華文化大講堂系列产品目录

序号	书　　名	作　者	开 本	定价／元
1	张居正讲《大学　中庸》	(明)张居正	16K	24.00
2	张居正讲《论语》	(明)张居正	16K	32.00
3	张居正讲《孟子》	(明)张居正	16K	42.00
4	《王凤仪讲人生》	王凤仪	16K	32.00
5	《王凤仪诚明录》	王凤仪	16K	29.80
6	《王凤仪嘉言录》	王凤仪	16K	29.80
7	《王凤仪言行录》	王凤仪	16K	29.80
8	《王凤仪笃行录》	王凤仪	16K	29.80
9	《来自山沟的大智慧》	以志	16K	58.00
10	《家和万事兴》	王元五	16K	29.80
11	《孝经》研习报告	钟茂森	16K	29.80
12	《朱子治家格言》研习报告	钟茂森	16K	25.00
13	《弟子规》研习报告	钟茂森	16K	18.00
14	《太上感应篇》研习报告	钟茂森	16K	18.00
15	《十善业道经》研习报告	钟茂森	16K	18.00
16	《找寻中国精神》	钟茂森	16K	25.00
17	《了凡四训》研习报告	钟茂森	16K	25.00
18	《大学》研习报告	钟茂森	16K	29.80
19	《中华文化大讲堂》第一辑	诚敬和	16K	32.00
20	《中华文化大讲堂》第二辑	诚敬和	16K	32.00
21	《悦心集》	雍正	16K	29.80
22	《太上感应篇直讲》	汇编	32K	5.00
23	《细讲弟子规》	蔡礼旭	大16K	29.80
24	《如何经营幸福人生》	蔡礼旭	大16K	29.80
25	《弟子规讲解》	杨淑芬	16K	19.80

26	《德育故事－小故事真智慧》	蔡礼旭	16K	26.80
27	《集福有方 消灾有道—太上感应篇白话故事》上、下册	秋硕	16K	39.80
28	《和谐家庭 幸福人生—弟子规讲解》	杨淑芬	16K	39.80
29	《德育课本》(1–4 册)	蔡振绅	32K	128.00
30	《改造命运心想事成》－了凡四训讲记	袁了凡／言诚	16K	19.80
31	《如何永恒保有你的富贵》		16K	19.80
32	《弟子规》有声书 书＋CD 光盘	(清)李毓秀	大 32K	10.00
33	《孝经》有声书 书＋CD 光盘		大 32K	10.00
34	《三字经》有声书 书＋CD 光盘		大 32K	10.00
35	《弟子规 三字经 孝经》有声书		32K	15.00
36	《了凡四训》诵读版（有声书）书＋CD	(明)袁了凡	大 32K	10.00
37	《弟子规课本》(书法版)	清如	大 16K	18.00
38	《弟子规描红》	清如	大 16K	18.00
39	《钟博士讲解弟子规》	钟茂森	大 16K	22.00
40	《钟博士讲解孝经》	钟茂森	大 16K	22.00
41	《企业都学弟子规》	中华文化大讲堂	大 16K	25.00
42	《落实弟子规》	中华文化大讲堂	大 16K	25.00
43	《企业人的道德修养》	慧祥	大 16K	25.00

联系方式

电 话：010–80815014 传 真：80815014

地 址：北京市通州区怡乐中路大稿国际文化产业园内

网 址：www.zhwhdjt.com